新形态立体化精品系列教材

计算机组装与维护

微课版 | 第3版

于涛 高峰／主编

谢娜 朱晨 孙萌／副主编

U0277466

人民邮电出版社

北 京

图书在版编目（CIP）数据

计算机组装与维护：微课版 / 于涛，高峰主编. --
3版. -- 北京 ：人民邮电出版社，2023.8
新形态立体化精品系列教材
ISBN 978-7-115-61986-0

Ⅰ. ①计… Ⅱ. ①于… ②高… Ⅲ. ①电子计算机－
组装－高等学校－教材②计算机维护－高等学校－教材
Ⅳ. ①TP30

中国国家版本馆CIP数据核字(2023)第108813号

内 容 提 要

本书主要讲解计算机的基础知识，选配计算机硬件，组装计算机，设置 BIOS 和硬盘分区，安装操作系统和常用软件，备份、还原与优化操作系统，模拟计算机系统，维护计算机，诊断与排除计算机故障等知识，并安排组装与维护计算机的综合实训，进一步提高学生对相关知识的应用能力。

本书以"情景导入→任务讲解→实训→课后练习→技能提升"的结构进行讲解。全书通过大量的案例和实训着重培养学生的实际动手能力，并将职业场景引入课堂教学，让学生提前进入工作角色。

本书适合作为高等院校、职业院校计算机组装与维护相关课程的教材，也可作为各类社会培训机构相关课程的教材，还可供计算机初学者自学使用。

◆ 主　编　于　涛　高　峰
　　副主编　谢　娜　朱　晨　孙　萌
　　责任编辑　马小霞
　　责任印制　王　郁　焦志炜

◆ 人民邮电出版社出版发行　　北京市丰台区成寿寺路 11 号
　　邮编　100164　电子邮件　315@ptpress.com.cn
　　网址　https://www.ptpress.com.cn
　　北京市艺辉印刷有限公司印刷

◆ 开本：787×1092　1/16
　　印张：13.5　　　　　　　　　2023 年 8 月第 3 版
　　字数：384 千字　　　　　　　2023 年 8 月北京第 1 次印刷

定价：59.80 元

读者服务热线：(010)81055256　印装质量热线：(010)81055316
反盗版热线：(010)81055315
广告经营许可证：京东市监广登字 20170147 号

前言 PREFACE

党的二十大报告提出"全面贯彻党的教育方针，落实立德树人根本任务，培养德智体美劳全面发展的社会主义建设者和接班人。"我们于2017年组织具有丰富教学经验和实践经验的作者编写了《计算机组装与维护（微课版）》。该教材进入学校已有5年多的时间，在这段时间里，我们很庆幸该教材能够帮助教师授课，并得到了广大教师的认可；让我们更加庆幸的是，教师们在使用该教材的过程中给我们提出了很多宝贵的建议。为了更好地服务于广大师生，我们根据一线教师的建议，着手进行了教材的改版工作。

改版后的《计算机组装与维护（微课版）》经过精心设计，依据专业课程的特点采取了恰当的编写方式，并融入了工匠精神、创新思维等素养相关知识，注重挖掘"立德树人"素养要素，将"为学"和"为人"结合起来，从而培养并提升学生的综合素养。此外，改版后的教材具有案例更多、行业知识更全、课后练习更多等优点，在教学方法、教学内容和教学资源3个方面体现出了自己的特色，更加适合现代教学。

教学方法

本书根据"情景导入→任务讲解→实训→课后练习→技能提升"5段教学法，有机整合职业场景、软件知识和行业知识，使各个环节环环相扣、浑然一体。

- **情景导入**：本书以日常办公中的场景展开，以办公情景模式为例引入项目教学主题，让学生了解相关知识点在实际工作中的应用情况。教材中设置的主人公如下。

  米拉：职场新人。

  洪钧威：人称"老洪"，米拉的直接领导和职场引入者。

- **任务讲解**：具体讲解与任务相关的各个知识点，并尽可能通过实例、操作的形式将难以理解的知识展示出来。在讲解过程中，穿插有"知识提示"和"多学一招"小栏目，以拓宽学生的知识面。

- **实训**：结合任务讲解和实际工作需要进行综合训练。因为训练注重学生的自我总结和学习能力，所以在项目实训中只提供适当的操作思路及步骤提示以供参考，要求学生独立完成操作，充分训练学生的动手能力。

- **课后练习**：结合项目内容给出难度适中的练习题，让学生巩固和强化所学知识。

- **技能提升**：以项目讲解的知识为主导，帮助有需要的学生深入学习相关知识，以达到融会贯通的目的。

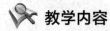 **教学内容**

本书共有10个项目，可以分为以下5个部分。

- **项目一、项目二：** 主要讲解计算机的基础知识，包括常用计算机、计算机硬件、计算机软件、选配计算机硬件等。
- **项目三~项目五：** 主要讲解组装计算机的相关知识，包括装机准备、组装一台计算机、设置BIOS、硬盘分区、格式化硬盘、安装Windows操作系统、连接和配置网络、安装常用软件等。
- **项目六、项目七：** 主要讲解备份、还原与优化操作系统的相关知识，包括备份和还原操作系统、优化操作系统、创建虚拟机、在VMware Workstation中安装Windows 10操作系统等。
- **项目八、项目九：** 主要讲解维护计算机的相关知识，包括日常维护计算机、维护计算机的安全、恢复硬盘中丢失的数据、诊断和排除计算机故障等。
- **项目十：** 主要通过7个综合实训来帮助读者巩固本书的所有知识，进行全面的综合练习。

 教学资源

本书的教学资源包括以下3个方面的内容。

- **题库软件：** 包含丰富的关于计算机组装与维护的相关试题，包括选择题、填空题、判断题、简答题和上机题等多种题型，方便教师自由组合出不同的试卷进行测试。
- **PPT课件和教学教案：** 包含PPT课件和Word文档格式的教学教案，以便教师顺利开展教学工作。
- **拓展资源：** 包含教学演示视频、组装计算机的高清彩色图片和组装视频等。

特别提醒：上述教学资源可访问人民邮电出版社人邮教育社区（http://www.ryjiaoyu.com）搜索书名下载。

虽然编者在编写本书的过程中倾注了大量心血，但恐百密之中仍有疏漏，恳请广大读者不吝赐教。

编 者
2023年3月

目录 CONTENTS

项目五

安装操作系统和常用软件　109

项目九

诊断与排除计算机故障 185

项目十

项目一
认识计算机

01

情景导入

米拉是某公司技术部的一名新员工。最近公司需要对部分计算机设备进行换代更新，并准备将这项任务交由技术部来完成。技术部主管洪钧威（人称"老洪"）认为计算机的换代更新涉及多项内容，如硬件的选购与组装、操作系统的安装与优化等，于是安排米拉先了解和登记公司常用的计算机类型，以及这些计算机的主要硬件和软件配置，以将其作为后面选购和组装工作的依据。

学习目标

- **认识各种类型的计算机。**

  如台式机、笔记本电脑、一体机电脑和平板电脑等。

- **认识计算机中的各种硬件设备和外部设备。**

  如主机、CPU、CPU 散热器、主板、内存、显卡、硬盘、主机电源和机箱等硬件设备，以及显示器、鼠标、键盘、音箱、数码摄像头、U 盘、移动硬盘、耳机、路由器、投影机、多功能一体机和数码板等外部设备。

- **认识计算机中的各种软件。**

  如系统软件和应用软件等。

素质目标

- **培养良好的职业道德。**

  如合理利用计算机收集、加工、整理和储存信息，为各行各业提供多样化的信息服务。

- **引发未来职业愿景。**

  如硬件工程师、软件工程师、影音创意人员等。

- **树立知识报国的远大理想。**

  如提升国产计算机的技术水平、研发世界一流的国产硬件等。

任务一 认识常用的计算机

老洪作为技术部主管，除了要处理日常事务外，还要负责管理和监督米拉的工作。由于公司这次设备升级工作涉及多种类型的计算机，所以老洪决定带着米拉先认识和熟悉几种常用的计算机。

一、任务目标

通过本任务的学习，可以熟悉各种类型的计算机，了解各种类型计算机的特点。

二、相关知识

目前所说的计算机通常是指个人计算机（Personal Computer，PC），它主要分为台式机、笔记本电脑、一体机电脑和平板电脑4种类型。

（一）台式机

台式机是一种各功能部件相对独立的计算机。相对其他类型的计算机而言，其体积较大，一般需要放置在桌子或专门的工作台上，因此被称为台式机。家庭和办公中常用的计算机都以台式机为主，通常所说的计算机也都是指台式机，如图1-1所示。

图1-1　台式机

1. 台式机的特性

台式机具有以下4个特性。

- 散热性。台式机的机箱具有空间大和通风好的特点，因此，台式机具有良好的散热性，这往往也是笔记本电脑所不具备的。
- 扩展性。台式机主板有多个硬盘驱动器插槽，可以方便日后对硬件进行升级。
- 保护性。台式机能够全方位地保护硬件，减少灰尘的侵害，有的还具有一定的防水性。
- 明确性。台式机机箱的开关键、重启键、通用串行总线（Universal Serial Bus，USB）接口和音频接口等一般都在机箱的前置面板中，用户使用起来方便、明确。

2. 台式机的类型

台式机通常可分为品牌机和兼容机。其中，品牌机是指有注册商标的整台计算机，是专业的计算机生产公司将计算机配件组装好后进行整体销售，并提供技术支持及售后服务的计算机；兼容机是指根据用户需求选择配件，由用户或第三方计算机公司组装而成的计算机，计算机组装主要是指组装兼容机。品牌机和兼容机之间有以下区别。

- 兼容性与稳定性。每一台品牌机出厂前都需要经过严格的测试（通过严格且规范的工序和手段进行检测），因此其稳定性和兼容性更有保障。而兼容机则是在成百上千种配件中选配而成的，无法完全保证其兼容性。所以在兼容性与稳定性方面，品牌机更具优势。
- 产品搭配灵活性。产品搭配灵活性是指配件选择的自由程度，在这方面兼容机具有品牌机不可比拟的优势。如果用户对装机有特殊要求（如根据专业应用需要突出计算机某一方面的性能），就可以自行选件或在经销商的帮助下根据需求来选件并组装。而品牌机是批量生产的，难以因个别用户的需求而专门为其变更配置。
- 价格。在价格上，同等配置的兼容机往往要比品牌机便宜一些，这主要是因为品牌机的价格包含了软件的费用和厂商的售后服务费用。另外，购买兼容机还可以"砍价"，比购买品牌机更实惠。
- 售后服务。部分用户不仅会关心产品的性能，还会关心产品的售后服务。品牌机的服务质量相对更有保障，一般厂商都会提供1年上门、3年质保的服务，并且还有免费技术支持电话，以及紧急上门服务。而兼容机一般只有1年的保修期，且键盘、鼠标和光驱这类易损产品的保修期通常只有3个月，厂商不提供上门服务。

（二）笔记本电脑

笔记本电脑（Laptop）也称为手提电脑或膝上型电脑，它是一种体积小、便于携带的计算机。根据市场定位，笔记本电脑可分为游戏本、轻薄本、二合一笔记本电脑、商务办公本、影音娱乐本、校园学生本和创意设计PC等类型。

- 游戏本。游戏本是主打游戏性能的笔记本电脑。游戏本通常具有可与台式机媲美的强悍性能，且机身比台式机更便携，外观比台式机更美观，因此价格也比同等配置的台式机（甚至其他种类的笔记本电脑）更昂贵。图1-2所示为某品牌的游戏本。
- 轻薄本。轻薄本的主要特点为外观时尚、轻薄、性能出色，在办公学习、影音娱乐等方面都能有出色表现，且更便携。图1-3所示为某品牌的轻薄本。

图1-2 游戏本

图1-3 轻薄本

- 二合一笔记本电脑。二合一笔记本电脑兼具传统笔记本电脑与平板电脑的功能，可以当作平板电脑或笔记本电脑使用。图1-4所示为某品牌的二合一笔记本电脑。
- 商务办公本。商务办公本是专门为商务应用设计的笔记本电脑，其特点通常为移动性强、电池续航时间长、商务软件多。图1-5所示为某品牌的商务办公本。
- 影音娱乐本。影音娱乐本在画面效果和流畅度等方面较为突出，有较强的图形图像处理能力和多媒体应用能力，一般拥有较为强劲的独立显卡和声卡（均支持高清），并提供了较大的屏幕供用户娱乐使用。图1-6所示为某品牌的影音娱乐本。

- 校园学生本。校园学生本的性能一般与普通台式机相差不大，主要供学生使用，各方面都比较均衡，且价格相对便宜。图1-7所示为某品牌的校园学生本。

图1-4　二合一笔记本电脑　　　　　　　　　　图1-5　商务办公本

图1-6　影音娱乐本　　　　　　　　　　　　图1-7　校园学生本

- 创意设计PC。创意设计PC是Intel公司发布的一种全新笔记本电脑类型，目标用户是有平面设计、影视剪辑需求的相关人群。创意设计PC支持高分辨率和广色域／高动态范围显示，不仅能为视觉媒体编辑播放提供准确的颜色，还能满足创意设计人员通过外部传输设备快速传输大型数据及文件的需求。

知识提示

超极本

　　超极本（Ultrabook）是Intel公司定义的一种全新类型的笔记本电脑，其英文名中"Ultra"的意思是极端的，所以"Ultrabook"是指极致轻薄的笔记本电脑产品，中文将其翻译为超极本。超极本集成了平板电脑的应用特性和台式机的性能，常用于商务办公和影音游戏。

（三）一体机电脑

　　一体机电脑是由显示器、键盘和鼠标组成的具有高度集成特点的自动化机器设备，是计算机的一种特殊类型。一体机电脑的主板通常与显示器集成在一起，只要将键盘和鼠标连接到显示器上，用户就能使用一体机电脑了。

1. 一体机电脑的特性

一体机电脑具有以下5个优点。

- 简约无线。一体机电脑具有非常简洁的线路连接方式，只需要一根电源线就可以实现计算机的启动，从而减少了音箱线、摄像头线、视频线等繁杂交错的线路。

- 节省空间。一体机电脑的体积比传统台式机小，可节省更多的桌面空间。
- 超值整合。同等价位下，一体机电脑拥有更多部件，集摄像头、无线网卡、音箱、蓝牙模块等于一身。
- 节能环保。一体机电脑更节能、环保，耗电比传统台式机更少，且电磁辐射更小。
- 外观潮流。一体机电脑简洁、时尚的外观设计更符合现代人节省空间和追求美观的要求。

但是，一体机电脑也存在一些缺点。首先是当一体机电脑出现接触不良或其他问题时，必须拆开显示器后盖进行检查，因此维修很不方便；其次是硬件都集中在显示器中，导致散热性较差，而元件在高温下又容易老化，因而使用寿命较短；最后是多数配置不高，且不方便升级，故实用性不强。

2．一体机电脑的类型

按照用途和功能特点的不同，一体机电脑可划分为以下5种类型。

- 家用一体机电脑。家用一体机电脑主要用于家庭环境中，通常与普通台式机的性能相近，其主要特点是外形美观大方，不会占用太多空间，且能对环境起到一定的美化作用，如图1-8所示。
- 商用一体机电脑。商用一体机电脑除了具备家用一体机电脑的外观和性能特点外，还具备故障率低、支持上门服务等特点。
- 触控一体机电脑。触控一体机电脑的显示屏具备触摸控制功能，与平板电脑的屏幕类似，因此其价格更高，如图1-9所示。

图1-8　家用一体机电脑

图1-9　触控一体机电脑

- DIY一体机电脑。DIY（Do It Yourself）是自行组装的意思，这种类型的一体机电脑类似于台式机中的兼容机，由个人或组织自行购买硬件并组装而成。
- 智能桌面一体机电脑。智能桌面一体机电脑具有多人平面交互功能，智能桌面可以水平放置，同时还支持多个用户直接通过触摸方式进行操作。

（四）平板电脑

平板电脑（Tablet Personal Computer）是一种无须翻盖、没有键盘、功能完整的计算机，其构成组件与笔记本电脑基本相同，以触摸屏作为基本的输入设备，允许用户通过触控笔或手指来进行作业。

1．平板电脑的特性

平板电脑具有以下3个特性。

- 携带方便。平板电脑比笔记本电脑更小、更轻。
- 功能强大。平板电脑具备"数字墨水"和手写识别输入功能，以及笔输入识别、语音识别和手势识别功能。
- 特有的操作系统。平板电脑特有的操作系统一般不仅具有普通操作系统的功能，还可以运行普通计算机兼容的应用程序，并增加了手写输入功能。

2. 平板电脑的类型

按照用途和功能特点的不同，平板电脑可划分为以下4种类型。

- 通话平板电脑。通话平板电脑是一种具备通话功能、支持移动通信网络，并能够通过插入电话卡实现拨打电话、发送短信等功能的平板电脑，这种平板电脑的功能基本等同于智能手机，只是屏幕比智能手机的大。
- 娱乐平板电脑。娱乐平板电脑是平板电脑的主流类型，面向普通用户群体。娱乐平板电脑既可以用于休闲娱乐，也可以用于办公和学习，其硬件配置能够满足普通用户的基本需求，如图1-10所示。
- 二合一平板电脑。二合一平板电脑是一种兼具笔记本电脑功能的平板电脑，它预留了适配键盘的接口，用户可以通过外接键盘将其变成笔记本电脑形态。二合一平板电脑的硬件配置一般无法和笔记本电脑相比，所以，二合一平板电脑的优势一般在于娱乐性和便携性，其余各方面均落后于二合一笔记本电脑，如图1-11所示。

图1-10　娱乐平板电脑　　　　　　　　图1-11　二合一平板电脑

- 商务平板电脑。商务平板电脑是为了提高办公效率，专门为商务人士提供的移动便携且兼顾商务办公的平板电脑，它通常预置了商务应用，并配置了手写笔。

任务二　认识计算机的硬件

考虑到公司常用的计算机类型是台式机，而公司的台式机几乎都是兼容机，在选购和组装这种计算机时，需要工作人员熟悉各种硬件的特性。因此，老洪让米拉先认识和熟悉台式机的各种硬件。

一、任务目标

本任务将通过丰富的硬件配图及详尽的内容来介绍计算机的各种硬件，首先介绍主机及其中的各种硬件，然后介绍各种外部设备。通过本任务的学习，可以熟悉计算机的各种硬件。

二、相关知识

从外观上看，计算机的硬件主要包括主机和外部设备两个部分。其中，主机是指机箱及其中的各种硬件；外部设备是指显示器、鼠标和键盘等通过线缆与主机连接的硬件。

（一）主机

主机是机箱及安装在机箱内的各种硬件的集合。机箱内的硬件主要包括中央处理器（Central

Processing Unit，CPU）（包括CPU和CPU散热器）、主板、内存、显卡（包括显卡和散热器）、硬盘（机械硬盘或固态盘，有时两种硬盘都有）和主机电源，如图1-12所示。

图1-12　主机

知识提示

主机上的按钮和指示灯

　　不同主机，其按钮和指示灯的形状及位置可能不同。其中复位按钮一般有"Reset"字样；电源开关一般有"⏻"标记或"Power"字样；电源指示灯在开机后一般显示为绿色；硬盘工作指示灯一般只有在对硬盘进行读写操作时才会亮起，显示为红色。

- CPU。CPU是计算机的数据处理中心和"最高执行单位"，它主要负责计算机内数据的运算和处理，与主板一起控制协调其他设备的工作。图1-13所示为国产龙芯LS3C5000L CPU。

- CPU散热器。CPU在工作时会产生大量的热量，散热不及时可能会导致计算机死机，甚至烧毁CPU。因此，为了保证计算机正常工作，要控制热量，为CPU安装散热器。正品盒装CPU标配风冷散热器，散片CPU则需要单独购买散热器。图1-14所示为某品牌的CPU散热器。

扫一扫

高清大图

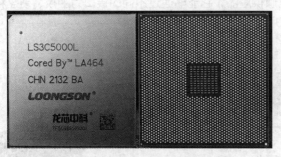

图1-13　国产龙芯LS3C5000L CPU

图1-14　CPU散热器

> **知识提示**
>
> ### 主板集成硬件
>
> 随着主板制板技术的发展，主板上已经能够集成多种计算机硬件。例如，CPU、显卡、声卡和网卡等，这些硬件都可以以芯片的形式集成到主板上。目前大多数主板都集成了声卡和网卡。

- 主板。从外观上看，主板是一块方形的电路板，其上布满了各种电子元件、插口、插槽和各种外部接口。它可以为计算机的所有硬件提供插槽和接口，并通过线路统一协调所有部件的工作，如图1-15所示。
- 内存。内存是计算机的内部存储器，也叫主存储器，是计算机用来临时存放数据的地方，也是CPU处理数据的中转站，如图1-16所示。内存的容量和存取速度直接影响CPU处理数据的速度。

图1-15　主板　　　　　　　　　　　　　　　图1-16　内存

- 显卡。显卡又称为显示适配器或图形加速卡，其功能主要是将计算机中的数字信号转换成显示器能够识别的信号（模拟信号或数字信号），并将其处理和输出，同时还可分担CPU的图形处理工作。有些显卡被集成在CPU中，称为核芯显卡，简称核显。图1-17所示为某计算机配置的独立显卡，该显卡的外面覆盖了一层散热装置，该散热装置通常由热管、散热片和散热风扇组成。
- 硬盘。硬盘是计算机中容量最大的存储设备，通常用于长期存放数据和程序，图1-18所示为计算机的机械硬盘，它是计算机中使用最多和最普遍的硬盘。另外，还有一种目前较为热门的硬盘——固态盘（Solid State Drive，SSD），简称固盘，它是用固态电子存储芯片阵列而成的硬盘，如图1-19所示。
- 主机电源。主机电源也称为电源供应器，它能够通过不同的接口为主板、硬盘和光驱等硬件提供所需的动力。图1-20所示为计算机的主机电源。

图1-17　独立显卡　　　　　图1-18　机械硬盘　　　　　图1-19　固态盘

- 机箱。机箱是安装和放置各种计算机硬件的装置，它能够将主机中的各种硬件整合在一起，并起到防止计算机硬件被损坏的作用，如图1-21示。

图1-20　主机电源　　　　　　　　　　图1-21　机箱

知识提示　　　　　　　　**机箱对于计算机的重要性**

　　　计算机机箱的好坏直接决定了主机中的各种硬件能否正常工作。另外，机箱还能屏蔽主机内的电磁辐射，对计算机使用者起到一定的保护作用。

（二）外部设备

　　在计算机的各种外部设备中，除显示器、鼠标和键盘外，其他都属于可选装硬件，即不安装这些硬件，一般也不会影响计算机的正常工作。所有的外部设备都可通过主机上的接口（主板或机箱上面的接口）连接到计算机。

扫一扫

高清大图

- 显示器。显示器是计算机的主要输出设备，它的作用是将显卡输出的信号（模拟信号或数字信号）以肉眼可见的形式表现出来。目前主要使用的是液晶显示器（也就是通常所说的LCD），如图1-22所示。
- 鼠标。鼠标是计算机的主要输入设备之一，因为其外形与老鼠类似，所以被称为鼠标。图1-23所示为无线鼠标。
- 键盘。键盘是计算机的另一种主要输入设备，是用来和计算机进行交流的工具，如图1-24所示。用户可通过键盘直接向计算机输入各种字符和命令，以简化计算机的操作。

图1-22　液晶显示器　　　　　图1-23　无线鼠标　　　　　图1-24　键盘

- 音箱。音箱可直接连接到声卡的音频输出接口，并将声卡传输的音频信号输出为人们可以听到的声音，如图1-25所示。
- 数码摄像头。数码摄像头也是一种常见的计算机外部设备，其主要功能是为计算机提供实时的视频图像，以实现视频信息交流，如图1-26所示。
- U盘。U盘全称为USB闪存盘，它是一种使用USB接口的微型高容量移动存储设备，能够实现即插即用，如图1-27所示。

图1-25　音箱　　　　　　图1-26　数码摄像头　　　　　图1-27　U盘

- 移动硬盘。移动硬盘是一种采用硬盘作为存储介质、可以即插即用的移动存储设备，如图1-28所示。
- 耳机。耳机是一种将音频输出为声音的外部设备，通常供个人使用，如图1-29所示。
- 路由器。路由器是一种用来连接Internet和局域网的外部设备，也是家庭和办公的必备设备，如图1-30所示。

图1-28　移动硬盘　　　　　　图1-29　耳机　　　　　　图1-30　路由器

- 投影机。投影机是一种可以将图像或视频投射到幕布上的外部设备，它可以通过专门的接口与计算机连接并播放相应的视频信号，如图1-31所示。
- 多功能一体机。多功能一体机的主要功能是打印，并同时具备复印、扫描、传真中的某一种或某几种功能，是一种重要且常用的外部输出和输入设备，如图1-32所示。
- 数码板。数码板又称为绘图板、绘画板和手绘板等，其主要功能是手写输入，通常由一块面板和一支压感笔组成，主要用于计算机游戏或图像手绘等领域，如图1-33所示。

图1-31　投影机　　　　　图1-32　多功能一体机　　　　图1-33　数码板

任务三　认识计算机的软件

完整的计算机是由硬件和软件组成的，而计算机的组装则需要安装操作系统和应用软件，且计算机的维护也需要相关软件的支持。所以，在认识了计算机的硬件后，老洪启动了一台计算机，打算给米拉介绍一些常用的计算机软件。

一、任务目标

本任务将介绍计算机中各种类型的软件，首先介绍系统软件，然后分类介绍各种应用软件。通过本任务的学习，可以熟悉计算机的各种软件，并为以后安装操作系统和各种应用软件打下坚实的基础。

二、相关知识

软件指的是在计算机中使用的程序，控制计算机所有硬件工作的程序集合就是软件系统。软件系统的作用主要是管理计算机和维护计算机的正常运行，并充分发挥计算机性能。按照功能的不同，通常可将软件分为系统软件和应用软件。

（一）系统软件

从广义上讲，系统软件包括汇编程序、编译程序、操作系统和数据库管理软件等，通常所说的系统软件就是指操作系统。操作系统的功能是管理计算机中的全部硬件和软件，方便用户对计算机进行操作。常见的系统软件可分为Windows系列操作系统和其他操作系统。

- Windows系列操作系统。Microsoft公司的Windows系列操作系统是目前广泛使用的操作系统，它采用图形化的操作界面，不仅支持网络连接和多媒体播放，还支持多用户和多任务操作，并兼容多种硬件设备和应用程序。图1-34所示为Windows 11操作系统的界面。

图1-34　Windows 11操作系统的界面

- 其他操作系统。市场上还存在UNIX、Linux、macOS等操作系统，它们也有各自不同的应用领域。图1-35所示为国产银河麒麟操作系统的界面。

知识提示

操作系统的位数

操作系统目前以64位为主，但有部分32位操作系统仍在使用，这个位数与CPU的位数相关。32位操作系统针对32位的CPU设计，64位操作系统则针对64位的CPU设计。64位操作系统只能安装在应用了64位CPU的计算机中，辅以基于64位操作系统开发的软件，才能发挥出最佳的性能；而32位操作系统可以安装在应用了32位或64位CPU的计算机中。

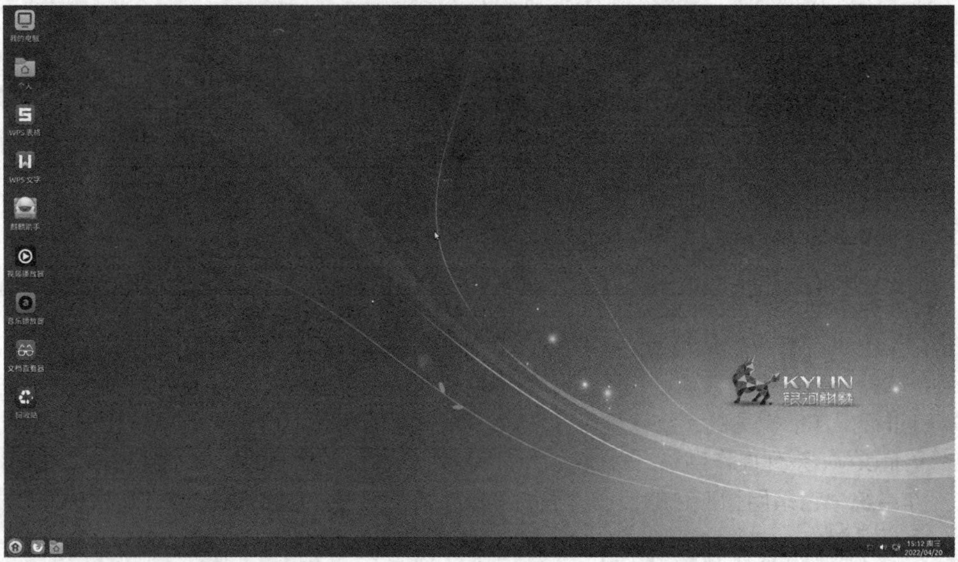

图1-35 国产银河麒麟操作系统的界面

（二）应用软件

应用软件是指一些具有特定功能的软件，如压缩软件WinRAR、图形图像处理软件Photoshop等，这些软件能够帮助用户完成特定的任务。应用软件的类型很多，常见的主要有系统工具软件、网络工具软件、安全软件、聊天软件、行业软件、教学软件、应用工具软件、手机软件、游戏娱乐软件、媒体软件和图像设计软件等，这些类型中还有很多小的细分类别，用户可在装机时根据需要选择。

- 系统工具软件。系统工具软件就是为操作系统提供辅助工具的软件，如驱动大师、鲁大师、一键GHOST、Windows优化大师、VMware Workstation等。
- 网络工具软件。网络工具软件就是为网络提供辅助工具、增强网络功能的软件，如360安全浏览器、迅雷、百度网盘、Foxmail等。
- 安全软件。安全软件就是为计算机进行安全防护的软件，如360安全卫士、360杀毒、卡巴斯基反病毒软件、江民杀毒软件等。
- 聊天软件。聊天软件就是用来进行语音视频通信等信息交流的软件，如微信、腾讯QQ、YY语音、飞鸽传书等。
- 行业软件。行业软件就是为各行各业设计的、满足其使用需求的软件，如期货行情即时看、ERP生产管理系统等。
- 教学软件。教学软件就是用于学习的软件，如驾考宝典、百词斩等。

- 应用工具软件。应用工具软件就是用来辅助计算机操作、提升用户工作效率的软件，如Office、数据恢复精灵、WinRAR、精灵虚拟光驱、完美卸载等。
- 手机软件。手机软件主要包括手机App的计算机应用版本和手机辅助软件，如抖音电脑版、微信电脑版、华为手机助手等。
- 游戏娱乐软件。游戏娱乐软件就是与游戏娱乐相关的软件，如WeGame、迅游网游加速器、360游戏大厅、浩方电竞平台等。
- 媒体软件。媒体软件就是用来编辑和处理多媒体文件的软件，如魔影工厂、爱剪辑、字幕转换助手、MP3剪切助手等。
- 图像设计软件。图像设计软件就是专门用来编辑和处理图形图像的软件，如美图秀秀、Photoshop、QQ影像、Illustrator等。

实训： 认识计算机硬件的组成及连接

一、实训目标

本实训的目标是通过拆卸计算机外部设备和打开一台计算机的机箱来了解计算机硬件的组成以及硬件之间的连接情况。

二、专业背景

很多喜欢计算机的人都希望学会组装计算机这项技能，组装过程通常也称为DIY。DIY计算机可从一定程度上为用户节省一些费用，并帮助用户进一步了解计算机的组成。在DIY计算机之前，应该先认识计算机的各种硬件，以及熟悉各硬件之间的连接。

三、操作思路

完成本实训主要包括拆卸外部设备的连线、打开机箱和查看硬件三大步骤，其操作思路如图1-36所示。

①拆卸外部设备的连线　　　　②打开机箱　　　　③查看硬件

图1-36　认识计算机硬件的组成及连接的操作思路

【步骤提示】

（1）关闭电源开关，将主机电源线插头和显示器电源线插头从电源插线板上拔出。

（2）在机箱后找到显示器数据线的插头，先将显示器数据线插头上的两颗固定螺丝拧松，然后将显示器数据线从对应的显示接口上拔出（如果显示器的数据线是DVI或HDMI插头，则需要从对应的接口处拔出）。

（3）将鼠标连接线插头从机箱后的接口上拔出，然后使用同样的方法将键盘连接线插头从机箱后的接口上拔出。

（4）如果机箱上还有一些使用USB接口的设备，如打印机、摄像头和扫描仪等，则也要拔出USB连接线。

（5）将音箱的音频连接线从机箱后的音频输出插孔上拔出。如果连接了网线，则还需要将网线插头拔出，从而完成计算机外部设备连线的拆卸工作。

（6）拆卸所有的外部设备连线后，就可以打开机箱观察主机内部的硬件情况了。由于机箱盖的固定螺丝大多在机箱后侧的边缘上，因此可以用十字螺丝刀拧下机箱的固定螺丝，从而取下机箱盖。

（7）打开机箱盖后就可以看到机箱内部各种硬件及它们的连接情况。在机箱内部的上方，靠近后侧的就是主机电源，它主要通过后面的4颗螺丝固定在机箱上。主机电源可分出多根电源线，分别连接到各个硬件的电源接口，为这些硬件提供电能。

（8）找到计算机的电源（通常在机箱后面的上部或下部）。

（9）机箱内部最大的硬件就是主板，从外观上看，主板是一块方形的电路板，上面有CPU、显卡和内存等计算机硬件，以及主机电源线和机箱面板按钮等。

（10）在机箱内找到机械硬盘或固态盘（不同固态盘的位置不同。例如，与机械硬盘外观类似的固态盘通常安装在机械硬盘的支架上；与内存外观类似的固态盘通常安装在CPU旁边的M.2插槽上），查看其数据线和电源线的连接情况。

课后练习

本项目主要介绍了计算机的一些基础知识，包括常见计算机的类型及其优缺点、计算机中的各种硬件和软件等知识。读者应认真学习并掌握本项目的内容，为选购和组装计算机打下良好的基础。

（1）首先切断计算机电源，将计算机的机箱侧面板打开，然后了解CPU、显卡、内存、硬盘及主机电源等设备的安装位置，观察其中各种线路的连接规律，最后将侧面板重新安装回机箱上。

（2）启动计算机，通过"开始"菜单了解计算机中安装的应用软件，并试着打开其中的某个软件，观察软件窗口的结构。

（3）列举计算机的主要硬件，并简述其作用。

技能提升

（一）了解国产计算机的发展历史

国产计算机的发展历史是一段艰苦奋斗、自力更生、从无到有的过程。

- 1956年，我国开始研制第一代计算机。
- 1959年，我国成功研制运行速度为每秒一万次的大型通用电子数字计算机——104计算机，其主要技术指标均超过了当时日本的计算机，且毫不逊色于当时英国已开发的运算速度最快的计算机。
- 20世纪60年代初，我国开始研制和生产第二代计算机。
- 1965年，我国成功研制第一台晶体管计算机——DJS-5，之后，又成功研制121、108等5种晶体管计算机，并进行小批量生产。
- 1965年起，我国开始研制第三代计算机。
- 1973年，我国成功研制集成电路大型计算机——150计算机。

- 1977年4月，我国成功研制第一台微型计算机——DJS-050，由此揭开了我国微型计算机的发展历史，使我国的计算机发展进入第四代计算机时期。
- 1983年，国防科技大学成功研制运算速度为每秒上亿次的银河-Ⅰ巨型计算机，这是我国高速计算机研制的一个重要里程碑，这也使我国成为继美国和日本之后能独立设计和研制超级计算机的国家。
- 1995年，北京市曙光计算机公司推出了国内第一台具有大规模并行处理机结构的并行机——曙光1000，其峰值速度达到了每秒25亿次浮点运算，实际运算速度突破了每秒10亿次浮点运算这一高性能指标，从而使我国的计算机技术与国外的技术差距缩小到了5年左右。
- 1997年，国防科技大学成功研制银河-Ⅲ百亿次并行巨型计算机系统，其峰值速度达到了每秒130亿次浮点运算，系统综合技术达到了20世纪90年代中期的国际先进水平。
- 1999年，我国并行计算机工程技术研究中心研制的神威1号计算机通过了国家级验收，并正式在中央气象台投入使用。
- 2001年，中国科学院计算所成功研制我国第一款通用CPU——"龙芯"芯片。
- 2002年，北京市曙光计算机公司推出了具有完全自主知识产权的"龙腾"服务器。龙腾服务器采用了"龙芯1号"CPU和与中科院计算所联合研发的服务器专用主板，以及曙光Linux操作系统，是我国第一台完全实现自主知识产权的计算机产品。
- 2009年10月29日，我国研发的"天河一号"计算机成为国产超级计算机之首，这也使我国成为继美国之后能够研制峰值速度达每秒千万亿次浮点运算的超级计算机的国家。
- 2016年6月，我国研发的超级计算机"神威·太湖之光"成为全球运行速度最快的超级计算机，该超级计算机目前落户在无锡的中国国家超级计算机中心。

（二）认识国产计算机硬件的主流品牌

以下为国产计算机硬件的主流品牌。
- 台式机。联想、神舟、清华同方、海尔、雷霆世纪和七彩虹等。
- CPU。龙芯。
- 主板。七彩虹、昂达和梅捷等。
- 内存。金泰克、联想、影驰和光威等。
- 显卡。七彩虹、影驰、索泰、铭瑄和迪兰等。
- 固态盘。金泰克、影驰、台电、七彩虹、联想、铭瑄和光威等。
- 显示器。创维、TCL、惠科（HKC）、长虹、熊猫和AOC等。
- 鼠标。联想、双飞燕、多彩、新贵和紫光电子等。
- 键盘。ikbc、达尔优、双飞燕、小米、新贵、富勒、多彩和力胜等。

项目二
选配计算机硬件

02

情景导入

组装计算机之前，需要根据不同的工作要求或预算来选择和搭配计算机中的各种硬件。所以，老洪要求米拉通过网络认识各种硬件的外观结构、掌握各种硬件的性能指标，以及了解选配各种硬件的注意事项，然后根据公司对计算机的具体要求设计装机方案。

学习目标

- **掌握计算机各种硬件的性能指标。**

如 CPU 的频率、内核、缓存、插槽类型、集成显卡、内存控制器与虚拟化技术；主板的芯片、CPU 规格、内存规格、扩展插槽；内存的基本参数、技术参考；硬盘的容量、接口、传输速率等。

- **掌握选配计算机硬件的注意事项。**

如正确分辨硬件产品的真伪、确认硬件的基本信息等。

素质目标

- **努力提升自己的职业技能。**

如掌握计算机各种硬件的参数、了解计算机硬件的选配技巧等。

- **培养踏实勤奋的良好品德。**

如认真学习选配计算机硬件的相关知识、仔细且耐心地选配计算机硬件等。

任务一　选配CPU

CPU既是计算机的指令中枢，也是计算机系统的最高执行单位，所以，米拉决定先选配CPU，然后根据选定的CPU搭配其他硬件。

一、任务目标

本任务将介绍CPU的外观结构、影响CPU性能的主要指标，以及选配CPU的注意事项。通过本任务的学习，可以全面了解CPU，并学会如何选配CPU。

二、相关知识

CPU是整个计算机系统的指挥中心，其内部分为控制、存储和逻辑三大单元，这三大单元的组合及紧密协作使计算机具有了强大的数据运算和处理能力。

扫一扫

高清大图

（一）认识CPU

CPU的主要功能是执行系统指令、存储数据、进行逻辑运算、传输并控制输入或输出操作指令。图2-1所示为Intel某CPU的外观。CPU从外观上主要分为正面和背面两个部分，由于CPU的正面刻有各种产品指标，所以也称为指标面；CPU的背面主要有与主板上的CPU插槽接触的触点，所以也被称为安装面。

图2-1　CPU的外观

- 防误插缺口。防误插缺口是CPU边上的半圆形缺口，它的功能是防止在安装CPU时，由于方向错误造成CPU损坏。
- 防误插标记。防误插标记是CPU角上的小三角形标记，其功能与防误插缺口一样。CPU的两面通常都有防误插标记。
- 产品二维码。CPU上的产品二维码是Datamatrix二维码，它是一种矩阵式二维条码，其尺寸是目前所有条码中最小的，可以直接印刷在实体上，主要用于CPU的防伪和产品统筹。

（二）CPU的性能指标参考因素

CPU的性能指标是选配CPU的理论依据，也是展示CPU性能的重要参数。

1. 生产厂商

CPU的生产厂商主要有Intel、AMD和龙芯。

- Intel（英特尔）。Intel是全球最大的半导体芯片制造商，从1968年成立至今，已有50多年的历史，目前主要有赛扬（CELERON）、奔腾（PENTIUM）、酷睿（CORE），以及手机、平板电脑和服务器使用的至强（Xeon）等系列的CPU产品。图2-2所示的CPU处理器号为"INTEL CORE i9-11900K"。其中，"INTEL"代表公司名称；"CORE i9"代表CPU系列；"11"代表CPU的代别；"9"代表CPU的等级；"00"代表CPU的产品细分；"K"是后缀，表示该CPU是不锁倍频可超频产品。
- AMD（超威）。AMD成立于1969年，是全球第二大微处理器芯片供应商，多年来，AMD公司一直是Intel公司的强劲对手。AMD公司目前的主要产品有推土机（Bulldozer），加速处理器（APU），锐龙（Ryzen）3、5、7、9、Threadripper等。图2-3所示的CPU处理器号为"AMD Ryzen 9 5950X"。其中，"AMD"代表公司名称；"Ryzen 9"代表CPU系列；"5"代表CPU的代别；"950"代表CPU的等级；"X"是后缀，表示该CPU是高频产品。

图2-2　Intel CPU

图2-3　AMD CPU

> **知识提示**
>
> ### Intel CPU处理器号的后缀
>
> Intel CPU处理器号的后缀有K（不锁倍频可超频产品）、X/XE（极致性能至尊产品）、S（低功耗产品）、T/TE（超低功耗产品）、B（封装产品）、C（高性能核显产品）、R（封装高性能核显产品）、G（核显超强产品）、P（弱化/屏蔽核显产品）、F/KF（屏蔽核显产品）、ES（半成品）和QS（样品）。AMD CPU处理器号的后缀有X（高频产品）、G（有核显APU产品）和GE（节能产品），或者无后缀（普通产品）。

- 龙芯。龙芯是我国拥有自主知识产权的通用高性能微处理芯片生产厂商。龙芯自2001年以来，共开发了1号、2号、3号3个系列的CPU产品。其中，龙芯1号系列为32位低功耗、低成本处理器，主要面向低端嵌入式和专用应用领域；龙芯2号系列为64位低功耗单核或双核系列处理器，主要面向工控和终端等领域；龙芯3号系列为64位多核系列CPU，主要是面向个人计算机、服务器领域的通用CPU。图2-4所示为龙芯3号系列CPU。

图2-4　龙芯3号系列CPU

2. 频率

　　CPU的频率是指CPU的时钟频率，简单来说，就是CPU运算时的工作频率（1秒内发生的同步脉冲数）。CPU的频率代表了CPU的实际运算速度，其单位有Hz、kHz、MHz、GHz。从理论上来说，CPU的频率越高，CPU的运算速度就越快，CPU的性能也就越高。CPU的实际频率与CPU的外频和倍频有关，其计算公式为：实际频率（主频）=外频×倍频。

- 外频。外频是CPU与主板之间同步运行的速度，即CPU的基准频率。
- 倍频。倍频是CPU运行频率与系统外频之间的差距参数，也称为倍频系数。在相同的外频条件下，倍频越高，CPU的频率就越高。

- 动态加速技术。动态加速技术是一种用来提升CPU频率的智能技术，是指当启动一个运行程序后，处理器会自动加速到合适的频率，而原来的运行速度将会提升10%~20%，以保证程序流畅运行。具备动态加速技术的CPU会在运算过程中自动判断是否需要加速频率，加速频率可以提升单核/双核的运算能力，尤其适合那些不能充分利用多核心，必须依靠高频才能提升运算效率的软件。Intel CPU的动态加速技术称为睿频（Turbo Boost），AMD CPU的动态加速技术称为精准加速频率（Pricision Boost）。现在市面上的CPU动态加速频率从4.0GHz到5.1GHz不等。

3. 内核

CPU的核心又称为内核，是CPU最重要的组成部分。CPU中心隆起部分的芯片就是核心，它是由单晶硅以一定的生产工艺制造而成的。CPU所有的计算、接收／存储命令和数据处理都由核心完成，所以核心的产品规格会显示出CPU的性能高低。8核CPU就是指具有8个核心的CPU。体现CPU性能且与核心相关的参数主要有以下4个。

- 核心数量。过去的CPU只有一个核心，而现在则有2个、3个、4个、6个、8个、10个、16个、24个、32个和64个核心等。64核CPU是指具有64个核心的CPU。核心数的提升归功于CPU多核心技术的发展。多核心是指基于单个半导体的一个CPU上拥有多个功能一样的处理器核心，即将多个物理处理器核心整合到一个处理器芯片中。核心数量并不能决定CPU的性能，多核心CPU的性能优势主要体现在多任务的并行处理（即同一时间处理两个或多个任务的能力）上，但这个优势需要软件优化才能体现。例如，某软件支持类似多任务处理技术，双核心CPU（假设频率都是2.0GHz）就可以在处理单个任务时，两个核心同时工作，一个核心只需处理一半任务就可以完成工作，这样的效率等同于一个4.0GHz单核心CPU的效率。
- 线程。线程是CPU运行中程序的调度单位，使用多线程技术的单核CPU可以把工作进程中的其他部分与密集计算机的部分分开执行，从而最大限度地提高CPU运算部件的利用率。线程越多，CPU的性能越高。主流CPU的线程包括双线程、4线程、8线程、12线程、16线程、24线程和32线程等。
- 核心代号。核心代号可以看成CPU的产品代号，即使是同一系列的CPU，其核心代号也可能不同。例如，Intel的核心代号有Rocket Lake、Tiger Lake、Comet Lake、Coffee Lake、Ice Lake、SkyLake-X、Kaby Lake、Kaby Lake-X和Skylake等；AMD的核心代号有Zen、Zen 2、Zen 3、Zen+、Kaveri、Godavari、Llano和Trinity等。
- 热设计功耗。热设计功耗（Thermal Design Power，TDP）是指CPU在满负荷时（CPU利用率为理论设计的100%）可能会达到的最高散热热量。散热器必须保证在TDP最大时，CPU的温度仍然在设计范围之内。随着多核心技术的发展，理论上同样核心数量下，TDP越小，CPU性能越高。目前主流CPU的TDP值有15W、35W、45W、65W和95W等。

4. 缓存

缓存是指可进行高速数据交换的存储器，它先于内存与CPU进行数据交换，速度极快，所以又被称为高速缓存。缓存的结构和大小对CPU速度的影响非常大，CPU缓存的运行频率极高，一般是和处理器同频运作，所以其工作效率远远高于系统内存和硬盘。

CPU缓存一般可分为L1、L2和L3。当CPU要读取某些数据时，首先要从L1缓存中查找，没有找到再从L2缓存中查找，若还是没有找到，则从L3缓存或内存中查找。一般来说，每级缓存的命中率大概为80%，也就是说全部数据量的80%都可以在L1缓存中找到。由此可见，L1缓存是整个CPU缓存架构中最为重要的部分。

- L1缓存。L1缓存也称为一级缓存，位于CPU内核的旁边，是与CPU结合最为紧密的CPU缓存，也是历史上最早出现的CPU缓存。由于L1缓存的技术难度和制造成本最高，提高容量所带来的技术难度和成本的增加非常大，所带来的性能提升却不明显，性价比很低，因此一级缓存是所有缓存中容量最小的。
- L2缓存。L2缓存也称为二级缓存，主要用来存放计算机运行时操作系统的指令、程序数据和地址指针等数据。L2缓存容量越大，系统的运行速度越快，因此，Intel与AMD公司都尽最大可能加大了L2缓存的容量，并使其与CPU在相同的频率下工作。
- L3缓存。L3缓存也称为三级缓存，它早期外置，现在则内置于CPU。L3缓存的实际作用是进一步降低内存延迟，同时提升大数据量计算时处理器的性能。降低内存延迟和提升大数据量计算能力有助于计算机运行大型场景文件。

多学一招   **L1、L2、L3缓存的性能比较**

在理论上，3种缓存对CPU性能的影响是L1>L2>L3，但由于L1缓存的容量在现有技术条件下已经无法增加，所以L2和L3缓存才是CPU性能表现的关键。在CPU核心不变的情况下，只有增加L2或L3缓存容量才能使CPU性能大幅度提高。选购CPU时，标准的高速缓存通常是指该CPU具有的最高级缓存的容量，如某款CPU的高速缓存为16MB，就是指该CPU的L3缓存容量为16MB。

---

5. 插槽类型

将固定标准的插槽与主板连接后，CPU才能工作。经过多年的发展，CPU插槽已有引脚式、卡式、触点式、针脚式等多种类型，但目前以触点式和针脚式为主。CPU插槽类型不同，其插孔数、体积、形状都有差异，所以需要严格对应。

- Intel。Intel CPU插槽包括LGA 1700、LGA 1200、LGA 2066、LGA 1151等类型。图2-5所示为Intel CPU的不同插槽。
- AMD。AMD CPU的插槽多为针脚式，包括Socket TR4、Socket sTRX4、Socket AM4、Socket AM3+、Socket AM3等类型，其中，Socket TR4和Socket sTRX4是触点式插槽。图2-6所示为AMD CPU的不同插槽。

图2-5　Intel CPU的不同插槽

图2-6　AMD CPU的不同插槽

- 龙芯。龙芯3号系列CPU的插槽包括BGA 1211和BGA 1121两种类型。

6. 集成显卡

集成显卡（也称为核芯显卡）技术是新一代的智能图形核心技术，它把显示芯片整合在智能CPU中，依托CPU强大的运算能力和智能能效调节设计，在更低功耗下实现出色的图形处理性能。在CPU中整合显卡大大缩短了处理核心、图形核心、内存及内存控制器间数据的周转时间，有效提升了处理效能，并大幅降低了芯片组的整体功耗，还有助于缩小核心组件的尺寸。

通常情况下，Intel的集成显卡会在独立显卡工作时自动停止工作；而AMD的APU在Windows 7及更高版本的操作系统中，如果安装了适合型号的AMD独立显卡，则经过设置后，可以实现处理器显卡与独立显卡的"混合交火"（即计算机进行自动分工，"小事"让能力小的集成显卡去处理，"大事"让能力大的独立显卡去处理）。目前可以根据后缀名来判断CPU是否具备集成显卡，Intel中后缀为C、R和G的CPU，以及AMD中后缀为G的CPU都具备集成显卡。

7．内存控制器与虚拟化技术

内存控制器（Memory Controller）是计算机系统内部控制内存，使内存与CPU之间交换数据的重要组成部分；虚拟化技术（Virtualization Technology，VT）是指将单台计算机的软件环境分割为多个独立分区，每个分区均可以按照需要模拟计算机的一项技术。这两个因素都将影响CPU的工作性能。

- 内存控制器。内存控制器决定了计算机系统所能使用的最大内存容量、内存类型和速度、内存颗粒数据深度和数据宽度等重要参数，即内存控制器决定了计算机系统的内存性能，从而对计算机系统的整体性能产生较大的影响。所以，CPU的产品规格应该包括该CPU所支持的内存类型。
- 虚拟化技术。虚拟化技术有传统的纯软件虚拟化方式（无须CPU支持）和硬件辅助虚拟化方式（需要CPU支持）两种。纯软件虚拟化运行时会造成系统运行速度较慢，所以，支持虚拟化技术的CPU在基于虚拟化技术的应用中，效率将会比不支持虚拟化技术的CPU效率高出许多。目前CPU产品的虚拟化技术主要有Intel VT-x、Intel VT和AMD VT这3种。

（三）选配CPU的注意事项

在选配CPU时，除了需要考虑CPU的性能外，还需要从CPU的用途和质保等方面来综合考虑，同时还要识别CPU的真伪，以求获得性价比高的CPU。

1．选配原则

选配CPU时，需要根据CPU的性价比及购买用途等因素进行选择。因此在选配CPU时，可以基于以下4点原则考虑。

（1）对计算机性能要求不高的用户，可以选择上市时间较长CPU产品，如Intel 9代以前的CORE i3或CORE i5系列，或者AMD的APU或推土机FX系列，也可以选择龙芯的龙芯3号系列。

（2）对计算机性能有一定要求的用户，可以选择主流的CPU产品，如Intel的10代、11代CORE i5或CORE i7系列，或者AMD的Ryzen 3或Ryzen 5系列。

（3）对于游戏玩家、图形图像设计人员等对计算机性能有较高要求的用户而言，可以选择性能较强的主流CPU产品，如Intel的11代CORE i7或CORE i9系列、AMD的Ryzen 7系列。

（4）对于高端游戏玩家而言，可以选择最先进的CPU产品，如Intel的12代CORE i7或CORE i9系列、AMD的Ryzen 9或Ryzen Threadripper系列。

2．识别真伪

不同厂商生产的CPU防伪设置不同，但基本上都大同小异。下面以Intel生产的CPU为例，介绍验证其真伪的方法。

- 网站验证。访问Intel的产品验证网站进行验证。
- 微信验证。在手机微信中查找"英特尔中国"，关注"英特尔中国"微信公众号，然后选择"微服务"菜单里的"盒装处理器验证"选项，手动输入CPU的产品序列号进行验证。
- 验证产品序列号。正品CPU的产品序列号通常会打印在包装盒的产品标签上，且该序列号应该与盒内保修卡中的序列号一致，如图2-7所示。
- 查看封口标签。正品CPU包装盒的封口标签仅在包装盒的一侧，且标签是透明的，字体为白色，颜色深且清晰，如图2-8所示。

图2-7　Intel CPU的产品序列号

图2-8　Intel CPU的封口标签

- 验证风扇部件号。正品CPU通常配备了散热风扇，使用风扇激光防伪标签上的风扇部件号进行验证，也能验证CPU产品的真伪。
- 验证产品批次号。正品CPU的产品标签上会有产品的批次号，通常以"FPO"或"Batch"开头，CPU产品正面的标签最下面也会用激光印制编号，如果该编号与标签上打印的批次号一致，则也能验证CPU产品的真伪。
- 软件验证。市面上有很多用于验证CPU产品真伪的专业产品信息检测软件，如检测Intel的CPU产品通常使用Intel®Processor Identification Utility，使用这类软件也可以确认CPU产品的基本信息以验证其真伪。

任务二　选配主板

　　CPU通常安装在主板对应的CPU插槽中，主板的主要功能就是为计算机中的其他部件提供插槽和接口。计算机中的所有硬件通过主板直接或间接地组成了一个工作平台，只有通过这个平台，用户才能进行计算机的相关操作。所以，接下来米拉需要选配支持指定CPU型号的主板。

一、任务目标

　　本任务将介绍主板的外观结构、影响主板性能的主要指标，以及选配主板的注意事项。通过本任务的学习，可以迅速了解并掌握选配主板的方法。

二、相关知识

　　从外观上看，主板是计算机中最复杂的设备，而且几乎所有的计算机硬件都通过主板连接，所以主板也是机箱中最重要的一块电路板。

扫一扫

高清大图

（一）认识主板

　　主板（MainBorad）也称为母板（Mother Board）或系统板（System Board），其外观如图2-9所示。主板上安装了组成计算机的主要电路系统，包括各种芯片、各种控制开关接口、各种直流电源供电接插件和各种插槽等。

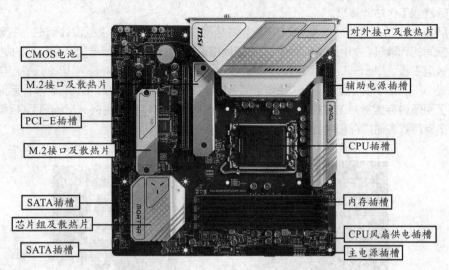

CMOS电池
M.2接口及散热片
PCI-E插槽
M.2接口及散热片
SATA插槽
芯片组及散热片
SATA插槽

对外接口及散热片
辅助电源插槽
CPU插槽
内存插槽
CPU风扇供电插槽
主电源插槽

图2-9　主板的外观

1. 板型

主板的板型主要有ATX、M-ATX、E-ATX和Mini-ITX这4种。

扫一扫

高清大图

- ATX（标准型）。ATX是目前主流的主板板型，也称为大板或标准板。如果用量化的数据来表示，以背部输入/输出（Input/Output,I/O）接口所在一侧为"长"，另一侧为"宽"，那么ATX板型的主板尺寸是长305mm、宽244mm。其特点是插槽较多、扩展性强。除尺寸数据外，还有一个ATX板型主板的量化数据，即ATX板型主板应该拥有3条以上的PCI-E插槽。图2-10所示的主板有4条PCI-E插槽，所以属于ATX板型。

- M-ATX（紧凑型）。M-ATX是ATX板型主板的简化版本，就是常说的"小板"，特点是扩展槽较少，PCI-E插槽在3个或3个以下。M-ATX板型的主板市场占有率极高。图2-11所示为一款标准的M-ATX板型主板。M-ATX板型主板在宽度上同ATX板型主板保持了一致，均为244mm，但在长度上，M-ATX板型主板则缩短为244mm，变成了正方形形状。

图2-10　ATX板型主板

图2-11　M-ATX板型主板

- E-ATX（加强型）。随着多通道内存模式的发展，一些主板需要支持3通道6条内存插槽，或支持4通道8条内存插槽，这对于宽度最多244mm的ATX板型主板较为吃力，所以需要增加ATX板型主板的宽度，从而产生了E-ATX板型。图2-12所示为一款标准的

E-ATX板型主板。E-ATX板型主板的长度为305mm，宽度则有多种尺寸，多应用于服务器或工作站计算机。

- Mini-ITX（迷你型）。Mini-ITX板型主板同样基于ATX架构规范设计而成，主要用于小空间的计算机，如用在汽车、机顶盒或网络设备中。图2-13所示为一款标准的Mini-ITX板型主板。Mini-ITX板型主板尺寸为170mm×170mm（在ATX构架下几乎已经做到了最小），由于面积所限，所以Mini-ITX板型主板只配备了一条PCI-E插槽，另外还提供了两条内存插槽，这些是Mini-ITX板型主板最明显的特征。另外，Mini-ITX板型主板最多支持双通道内存和单显卡运行。

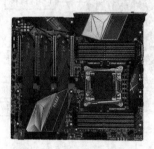

图2-12　E-ATX板型主板

图2-13　Mini-ITX板型主板

2. 芯片

主板上的重要芯片包括BIOS芯片、芯片组、CMOS电池、集成声卡芯片、集成网卡芯片和I/O控制芯片等。

扫一扫

高清大图

- BIOS芯片。基本输入/输出系统（Basic Input/Output System，BIOS）芯片是一块矩形的存储器，里面存有与该主板搭配的基本输入/输出系统程序，它能够让主板识别各种硬件，还可以设置引导系统的设备和调整CPU外频等。BIOS芯片可以进行程序写入，从而方便用户更新BIOS的版本。图2-14所示为主板上的BIOS芯片。

- 芯片组。芯片组（Chipset）是主板的核心组成部分，通常由南桥（South Bridge）芯片和北桥（North Bridge）芯片组成。现在大部分的主板都将南北桥芯片封装到了一起，形成了一个芯片组，称之为主芯片组。北桥芯片是主芯片组中起主导作用的、最重要的组成部分，也称为主桥，过去主板芯片的命名通常以北桥芯片为主。北桥芯片主要负责处理CPU、内存和显卡三者间的数据交流，而南桥芯片则负责硬盘等存储设备和PCI总线之间的数据流通。图2-15所示为封装的芯片组（拆卸了主芯片组上面的散热片，图2-9中的主芯片组则被散热片保护着）。

图2-14　主板上的BIOS芯片

图2-15　芯片组

知识提示　　　　　　　　　　**以芯片组命名主板**

　　很多时候，主板会以芯片组的名称命名，如支持 Intel CPU 的 Z690 主板就是使用
Z690 芯片组的主板。

- CMOS电池。互补金属氧化物半导体（Complementary Metal Oxide Semiconductor，CMOS）电池（见图2-16）的功能是在计算机关机时保持BIOS设置不丢失，当电池电力不足时，BIOS里面的设置会自动还原成出厂设置。
- 集成声卡芯片。集成声卡芯片（见图2-17）中集成了声音的主处理芯片和解码芯片，能够代替声卡处理计算机音频。

图2-16　CMOS电池

图2-17　集成声卡芯片

- 集成网卡芯片。集成网卡芯片（见图2-18）是指整合了网络功能的主板所集成的网卡芯片，不占用PCI-E插槽或USB接口，能够使计算机实现良好的兼容性和稳定性。
- I/O控制芯片。I/O控制芯片（见图2-19）的主要功能是硬件监控，它能够将硬件的健康状况、风扇转速、CPU核心电压等情况反映在BIOS信息中。

图2-18　集成网卡芯片

图2-19　I/O控制芯片

知识提示　　　　　　　　　　**板载显卡和核芯显卡**

　　板载显卡是把显示芯片焊接在主板上，核芯显卡则是把显示芯片和 CPU 芯片一起封装到 CPU 模块里。板载显卡现在已经被淘汰，取而代之的是核芯显卡。此外，主板自带的显示接口都需要核芯显卡的支持。

3. 扩展槽

　　扩展槽主要是指主板上能够用来进行拔插的配件，这部分配件可以用"插"来安装，用"拔"来拆卸。扩展槽中主要包括以下配件。

- PCI-Express插槽。PCI-Express（简称PCI-E）插槽一般为显卡插槽，目前主板上配备的大多是3.0版本。主板上的插槽越多，其支持的模式就越多，也就越能发挥显卡的性能。目前PCI-E的规格包括×1、×4、×8和×16共4种。其中，×16代表16条PCI总线，PCI总线可以直接协同工作，×16就代表16条PCI总线可以同时传输数据。PCI-E规格中的数越大，显卡的性能越能得到发挥。图2-20所示为主板上的PCI-E插槽，现在有些

扫一扫
高清大图

PCI-E插槽还配备了金属装甲，其主要功能是保护设备连接处并加快热量散发。一般来讲，用户可以通过主板背面的PCI-E插槽的引脚长短来判断其规格，如图2-21所示。现阶段，×4和×8规格就基本可以让显卡发挥出全部性能了，×16规格下显卡的性能还会有所提升。也就是说，在各种规格的插槽都有的情况下，显卡应尽量插入高规格的插槽中；如果实在没有，则稍微降低规格也不会对显卡的性能有太大影响。

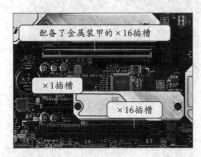

图2-20　主板上的PCI-E插槽

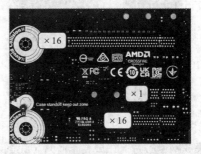

图2-21　主板背面的PCI-E插槽的引脚

- SATA插槽。SATA（Serial ATA）插槽又称为串行插槽，以连续串行的方式传送数据，减少了插槽的针脚数目，主要用于连接机械硬盘和固态盘等设备，能够在计算机的运行过程中进行拔插。图2-22所示为目前主流的SATA 3.0插槽，目前大多数机械硬盘和一些固态盘都使用这种插槽，它能够与USB设备一起通过主芯片组与CPU通信，其带宽为6Gbit/s（bit代表位，折算成传输速率大约为750MB/s，B代表字节）。

- M.2插槽（NGFF插槽）。M.2插槽（见图2-23）是比较热门的一种存储设备插槽，其带宽大（M.2 插槽的带宽高达32Gbit/s，比SATA插槽带宽的5倍还多）、传输数据的速度快，且占用空间小，主要用于连接比较高端的固态盘产品。

图2-22　SATA 3.0插槽

图2-23　M.2插槽

- CPU插槽。CPU插槽是用于安装和固定CPU的专用扩展槽，根据主板支持的CPU不同而有所差异，其主要表现在CPU背面各电子元件的布局不同。CPU插槽通常由固定挡板、固定杆（1~2根）和CPU插座3部分组成。在安装CPU前，需要通过固定杆将固定挡板打开，将CPU放置在CPU插座上后，再合上固定挡板，并用固定杆固定CPU，然

后安装CPU的散热片或散热风扇。另外，CPU插槽的型号与前面介绍的CPU插槽类型相对应。例如，LGA 1700插槽的CPU需要对应安装在具有LGA 1700 CPU插槽的主板上。图2-24所示为Intel LGA 1700 CPU插槽处于关闭和打开的两种状态。

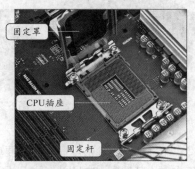

图2-24　Intel LGA 1700 CPU插槽的关闭和打开状态

- 内存插槽（DIMM插槽）。内存插槽是主板上用来安装内存的地方，如图2-25所示。由于主芯片组不同，所以内存插槽支持的内存类型也不同，不同的内存插槽在引脚数量、额定电压和性能方面都有很大的区别。
- 主电源插槽。主电源插槽（见图2-26）的主要功能是为主板提供电能，将电源的供电插头插入主电源插槽后，即可为主板上的设备提供正常运行所需要的电能。主电源插槽目前大多是通用的20+4PIN供电，通常位于主板的长边。

图2-25　内存插槽　　　　　　　　图2-26　主电源插槽

多学一招　　　　　**通过标注电压分辨内存插槽的类型**

　　　在主板的内存插槽附近通常会标注内存的工作电压，这有助于用户通过标注的电压来区分内存插槽的类型。一般来讲，1.35V 对应 DDR3L 插槽，1.5V 对应 DDR3 插槽，1.2V 对应 DDR4 插槽，1.1V 对应 DDR5 插槽。

- 辅助电源插槽。辅助电源插槽的主要功能是为CPU提供辅助电能，所以也被称为CPU供电插槽。目前的CPU供电都由8PIN插槽提供，但也可能会采用比较老的4PIN插槽，需要注意的是这两种插槽是兼容的。图2-27所示为主板上的双8PIN辅助电源插槽。
- CPU风扇供电插槽。CPU风扇供电插槽的主要功能是为CPU散热风扇提供电能，有些主板只有在CPU散热风扇的供电插头插入该插槽后才允许启动计算机。一般来讲，主板上的这个插槽会被标记为CPU_FAN，如图2-28所示。为了保证供电效果，CPU风扇供电插槽通常会设置在CPU插槽附近，且可能有两个，并分别被标记为CPU_FAN1和CPU_FAN2。
- 机箱风扇供电插槽。机箱风扇供电插槽的主要功能是为机箱上的散热风扇提供电能，通常会设置在主板上，并被标记为CHA_FAN或者SYS_FAN。图2-29所示的SYS_

FAN2就是一个机箱风扇供电插槽。

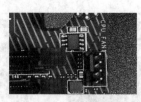

图2-27　主板上的双8PIN辅　　　图2-28　CPU风扇供电　　　图2-29　机箱风扇供
　　助电源插槽　　　　　　　　　　　插槽　　　　　　　　　　电插槽

- 水冷供电插槽。水冷供电插槽的主要功能是为水冷散热器的水泵提供电能，通常会设置在主板上，并被标记为CPU_PUMP、CPU_OPT或者PUMP_FAN。图2-30所示的PUMP_FANI就是一个水冷供电插槽。
- USB插槽。USB插槽的主要功能是为机箱上的USB接口提供数据连接，目前主板上常见的USB插槽主要有3.2、3.0和2.0这3种规格。USB 3.0插槽中共有19枚针脚，左下角有一个缺针，上方中部有防呆缺口，旁边是USB 3.2插槽，其不是针脚式，如图2-31所示。USB 2.0插槽中只有9枚针脚，右下方的针脚缺失，如图2-32所示。

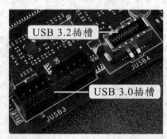

图2-30　水冷供电　　　图2-31　USB 3.0插槽和USB　　　图2-32　USB 2.0
　　插槽　　　　　　　　　3.2插槽　　　　　　　　　　插槽

- 机箱前置音频插槽。许多机箱的前面板都会有耳机和麦克风的接口，以便于用户使用，它们在主板上也有对应的跳线插槽。机箱前置音频插槽中有9枚针脚，上排右二缺失，一般被标记为JAUD，位于主板集成声卡芯片附近。图2-33所示的JAUD1就是一个机箱前置音频插槽。
- 主板跳线插槽。主板跳线插槽的主要功能是为机箱面板的指示灯和按钮提供控制连接，一般是双行针脚，如图2-34所示。主板跳线插槽主要有电源开关插槽（PWR-SW，两个针脚，通常无正负之分）、复位开关插槽（RESET，两个针脚，通常无正负之分）、电源指示灯插槽（PWR-LED，两个针脚，通常为左正右负）、硬盘指示灯插槽（HDD-LED，两个针脚，通常为左正右负）、扬声器插槽（SPEAKER，4个针脚，通常为左正右负）5种。

知识提示

主板上的其他插槽

　　主板上可能还有其他的插槽，如灯光供电插槽、雷电（Thunderbolt）扩展插槽等，这些插槽通常会在特定的主板上出现。图2-35所示的插槽是为了解决主板存在多显卡工作时供电不足的问题，为PCI-E插槽提供额外电力支持的D形4PIN插槽。

图2-33　机箱前置音
频插槽

图2-34　主板跳线插槽

图2-35　PCI-E辅助供电
插槽

4. 对外接口

主板的对外接口也是主板上非常重要的组成部分之一，通常位于主板的侧面。通过对外接口，用户可以将计算机的外部设备和周边设备与主机连接起来。对外接口越多，可以连接的设备就越多。下面介绍主板的对外接口，如图2-36所示。

扫一扫

高清大图

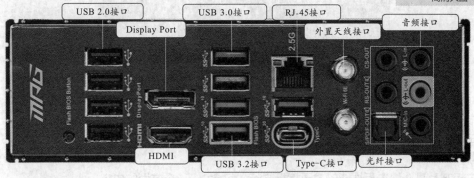

图2-36　主板的对外接口

- USB接口。连接USB接口的设备有USB键盘、鼠标和U盘等。目前很多主板都有3种规格的USB接口，黑色的一般为USB 2.0接口，蓝色的一般为USB 3.0接口，红色的一般为USB 3.1或USB 3.2接口。
- USB Type接口。Type-A接口就是常见的USB接口，包括USB 2.0、USB 3.0和USB 3.2等接口；Type-B接口用于连接打印机、扫描仪等输入/输出设备；Type-C接口正反都可以插入，传输速度非常快，许多智能手机也采用这种USB接口。
- RJ-45接口。RJ-45接口也就是网络接口，俗称水晶头接口，主要用于连接网线。有的主板为了体现板载千兆网卡，会将RJ-45接口设置为蓝色或红色。

知识提示　　　　　　　　**其他对外接口**

　　Display Port 和 HDMI 都属于显示输出接口，此部分将在任务六中介绍。另外，有些主板的对外接口还保留着双色 PS/2 接口，这种接口呈现为绿、紫双色并且伴有键盘、鼠标图标，是键盘、鼠标两用接口。

- 外置天线接口。外置天线接口就是专门为了连接外置Wi-Fi天线准备的，外置天线接口在连接好外置Wi-Fi天线后，用户就可以通过主板预装的无线模块连接Wi-Fi或蓝牙。
- 音频接口。音频接口是主板上比较常见的一组五孔光纤接口。S/PDIF-OUT是光纤输出

端口，可以将音频信号以光信号的形式传输到声卡等设备中；RS-OUT为5.1或7.1声道的后置环绕左右声道接口；CS-OUT为5.1或7.1多声道音箱的中置声道和低音声道接口。MIC-in为麦克风接口，通常为粉色；L-out（LINE-out）为音箱或耳机接口，通常为浅绿色；L-in（LINE-in）为音频设备的输入接口，通常为浅蓝色。

多学一招　　　　　　　　　　**主板的供电部分**

　　主板的供电部分主要是指CPU的供电部分，它是整块主板中最为重要的供电单元，直接关系到系统的稳定运作。供电部分通常位于离CPU最近的地方，由电容、电感和控制芯片等元件组成，如图2-37所示。

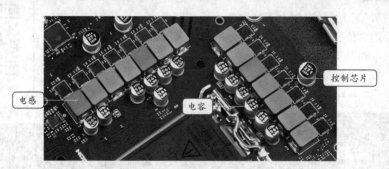

图2-37　供电部分

（二）主板的性能指标

主板的性能指标是选配主板时需要认真查看和仔细对比的内容。

1. 芯片

主板芯片是衡量主板性能的主要指标之一，包含以下4个方面的内容。

- 芯片厂商。芯片厂商主要有Intel、AMD和龙芯。
- 芯片组结构。通常由北桥芯片和南桥芯片组成，也有南北桥芯片合一的芯片组。
- 芯片组型号。不同的芯片组性能不同，价格也不同，目前主要的芯片组型号如图2-38所示。

Intel（Z690	Z590	Z490	Z390	B660	B560	B460	B365	H610	H510	H370	B360	H410	H310	Z370
X299	Z270	B250	H270	Z170	B150	H170	H110	C232	X99	Z97	B85	H81）		
AMD（TRX40	X570	X470	A520	B550	B450	X399	A320	B350	X370	A88X	A85X	A68H	970	
990FX	A78	A58）												

图2-38　目前主要的芯片组型号

- 集成芯片。主板可以集成显示、音频、网络等芯片。

2. CPU规格

CPU越好，计算机的性能就越好，但如果主板不能完全发挥CPU的性能，就会相对影响计算机的性能。CPU规格包含以下3个方面的内容。

- CPU平台。CPU平台主要有Intel、AMD和龙芯。
- CPU类型。CPU的类型很多，即便是同一种类型，其运行速度也会有所差别。
- CPU插槽。不同类型的CPU对应主板的插槽不同。

3. 内存规格

内存规格也是影响主板性能的主要指标之一，包含以下4个方面的内容。

- 最大内存容量。内存容量越大，能同时处理的数据就越多。
- 内存类型。现在的内存类型主要有DDR3、DDR4和DDR5这3种，目前主流的内存类型为DDR4，其数据传输能力比DDR3强大，具有比DDR5更高的性价比。
- 内存插槽。内存插槽越多，能插入的内存条就越多。
- 内存通道。通道技术其实是一种内存控制和管理技术，在理论上能够使两条同等规格的内存所提供的带宽增长一倍，目前主要有双通道、三通道和四通道3种模式。

4. 扩展插槽

扩展插槽的数量也会影响主板的性能，包含以下两个方面的内容。

- PCI-E插槽。PCI-E插槽越多，支持的模式就越多，也就越能发挥出显卡的性能。
- SATA插槽。SATA插槽越多，能够安装的SATA设备就越多。

5. 其他性能指标

除了上述主要性能指标外，在选购主板时也需要注意以下性能指标。

- 对外接口。对外接口越多，能够连接的外部设备就越多。
- 供电模式。与单相供电模式相比，主板多相供电模式能够提供更大的电流，降低供电电路的温度，而且利用多相供电获得的核心电压信号也更稳定。
- 主板板型。主板板型能够决定计算机安装设备的多少和机箱的大小，以及计算机升级的可能性。
- 电源管理。电源管理的目的是节约电能，保证计算机正常工作，因此，具有电源管理功能的主板性能比普通主板更好。
- BIOS性能。目前大多数主板的BIOS芯片都采用了Flash ROM，它能否方便升级及是否具有较好的防病毒功能是主板的重要性能指标之一。
- 多显卡技术。主板中并不是显卡越多，显示性能就越好。要想获得更好的显示性能，还需要主板支持多显卡技术。目前的多显卡技术包括NVIDIA的多路SLI技术和AMD的CrossFire技术。

（三）选配主板的注意事项

主板的性能关系着整台计算机的工作稳定性，所以主板的作用相当重要。对主板的选配绝不能马虎，通常需要注意以下事项。

1. 考虑用途

选配主板时要考虑其用途（满足用户的需求），同时要注意主板的扩充性和稳定性。例如，游戏爱好者或图形图像设计人员可以选择价格较高的高性能主板，而对于计算机主要用于文档编辑、编程设计、上网、打字和看电影的用户，则可以选配性价比较高的主板。

2. 鉴别真伪

如果需要分辨选配的主板是否为正品，则用户可以按照以下方法进行判断。

- 查看芯片组表面的标识。正品芯片组表面上的标识清晰、整齐、印刷规范，假冒的主板一般由旧货打磨而成，字体模糊，甚至还有歪斜现象。如果芯片组上安装有散热片，则还需要将散热片拆卸后仔细查看。但通常假冒的主板为了节约成本，不会安装散热片。
- 查看电容。正品主板为了保证产品质量，一般会采用主流品牌的大容量电容；假冒的主板一般采用的是杂牌的小容量电容。
- 查看产品标识。主板上的产品标识一般会印刷在PCI插槽上，正品主板标识印刷清晰，会有厂商名称的缩写和序列号等内容；假冒主板的产品标识印刷一般较为模糊。

- 查看布线。正品主板上的布线是经过专门设计的，一般比较均匀、美观，不会出现一个地方密集，另一个地方稀疏的情况；假冒的主板常布线凌乱。
- 查看焊接工艺。正品主板焊接到位，不会有虚焊或焊锡过于饱满的情况，并且贴片电容是机械化自动焊接的，比较整齐；假冒的主板则会出现焊接不到位、贴片电容排列不整齐等情况。

3. 选配主流品牌

主板的品牌很多，按照市场认可度的不同，通常可分为以下3类。

- 高认可度品牌。主要包括华硕（ASUS）、微星（MSI）等，这些品牌的特点是研发能力强、推出新品速度快、产品线齐全、高端产品过硬，以及市场认可度高。
- 较高认可度品牌。主要包括映泰（BIOSTAR）和梅捷（SOYO）等。虽然这些品牌在某些方面略逊于高认可度品牌，但都具备相当的实力，也有各自的特色。
- 一般认可度品牌。主要包括华擎（ASROCK）和翔升（ASL）等。其中，华擎就是华硕主板子品牌，其特点是有制造能力，并能在保证产品稳定运行的前提下尽量降低其价格。

任务三　选配内存

老洪告诉米拉，CPU、主板和内存被称为计算机的"三大"核心组件，通常在组装计算机时首先需要选配这3个硬件。接下来米拉准备先选配内存。

一、任务目标

本任务将介绍内存的外观结构与类型、影响内存性能的主要指标，以及选购内存的注意事项。通过本任务的学习，可以全面了解内存，并学会如何选配内存。

二、相关知识

内存（Memory）又被称为主存或内存储器，可用于暂时存放CPU的运算数据，以及与硬盘等外部存储器交换的数据。在计算机的工作过程中，CPU会把需要运算的数据调到内存中暂存，当运算完成后，再将结果传递到各个部件执行。

（一）认识内存

认识内存可以从内存的外观结构和类型两个方面进行。

1. 内存的外观结构

内存主要由芯片、散热片、金手指、卡槽和缺口等部分组成，图2-39所示为DDR4内存的外观结构。

- 芯片和散热片。芯片用来临时存储数据，是内存最重要的部件；散热片安装在芯片外面，可以控制内存的工作温度，提高工作性能。
- 金手指。金手指是内存与主板进行连接的"桥梁"，目前DDR4内存的金手指大多采用曲线设计，以使内存与主板接触更稳定、拔插更方便。从图2-39中可以看出，DDR4内存的金手指中间比两边要宽些，呈现一定的曲线形状。
- 卡槽。卡槽与主板中内存插槽上的塑料夹角相配对，用于将内存固定在内存插槽中。
- 缺口。缺口与内存插槽中的凸起设计相配对，用于防止内存插反。

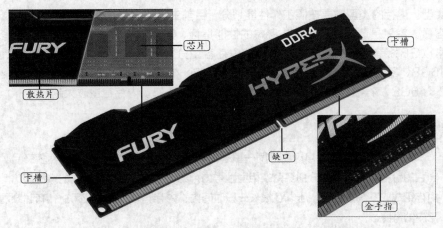

图2-39　DDR4内存的外观结构

2. 内存的类型

DDR的全称是双倍数据速率（Double Data Rate），DDR SDRAM也就是双倍数据速率同步动态随机存储器的意思。DDR内存是目前主流的计算机存储器，现在市面上的DDR内存主要有DDR3、DDR4和DDR5这3种类型。

- DDR3内存。DDR3内存（见图2-40）采用0.08μm制造工艺制造，其核心工作电压为1.5V。据相关数据显示，DDR3相比DDR2功耗约低30%。
- DDR4内存。DDR4内存发布于2011年，相比于DDR3内存，其性能提升体现为以下3点：一是16bit预读取机制（DDR3为8bit），在同样的内核频率下，其理论速度是DDR3的两倍；二是有更可靠的传输规范，数据可靠性进一步提升；三是工作电压降为1.2V，更节能。
- DDR5内存。DDR5内存（见图2-41）是目前最新一代的内存类型，在2020年发布，于2021年上市。相比于DDR4内存，DDR5内存的最低基础频率提高到了4800MHz，单片容量可超过16GB，同时工作电压降低到了1.1V，无论是性能还是能效都得到了较大的提升。但在游戏应用方面，由于延迟问题，DDR5内存的性能提升并不大。

图2-40　DDR3内存　　　　　　　　　　图2-41　DDR5内存

（二）内存的性能指标

选配内存时，要深入了解内存的各种性能指标。

1. 基本参数

内存的基本参数主要包括内存的类型、容量和频率。

- 类型。内存的类型主要按照工作性能划分，目前主流的内存是DDR4。
- 容量。容量是选购内存时优先考虑的性能指标，因为它代表了内存存储数据的多少，通常以GB为单位。目前市面上主流的内存容量分为单条（容量为2GB、4GB、8GB、16GB、32GB）和套装（容量为2×2GB、2×4GB、4×4GB、2×8GB、4×8GB、2×16GB、4×16GB、2×32GB）两种，其中，单条内存容量越大越好。

> **知识提示**　　　　　　　　　　**内存套装**
>
>
> 　　内存套装就是各内存厂商把同一型号的两条或多条内存搭配组成的套装产品。内存套装的价格通常不会比分别买两条相同型号内存的价格高多少，但组成的系统却比两条单内存组成的系统更稳定，所以在很长一段时间内，内存套装广受商业用户和有超频需求的用户的青睐。

- 频率。频率是指内存的主频，也可以称为工作频率，和CPU主频一样，被用来表示内存的速度，它代表该内存所能达到的最高工作频率。内存主频越高，在一定程度上代表内存所能达到的速度就越快。DDR3内存的主频有1333MHz及以下、1600MHz、1866MHz、2133MHz、2400MHz、2666MHz、2800MHz和3000MHz等；DDR4内存的主频有2133MHz、2400MHz、2666MHz、2800MHz、3000MHz、3200MHz、3400MHz、3600MHz和4000MHz及以上等。对于某些内存，用户还可以自行超频，以提高内存频率。

2. 技术参数

内存的技术参数主要有以下4个。

- 工作电压。内存的工作电压是指内存正常工作时所需要的电压值，不同类型的内存有不同的工作电压。DDR3内存的工作电压一般在1.5V左右，DDR4内存的工作电压一般在1.2V左右，DDR5内存的工作电压一般在1.1V左右。电压越低，对电能的消耗越少，也就更符合目前节能减排的要求。
- CL值。CL（CAS Latencys）是指从读命令有效（在时钟上升沿发出）开始，到输出端提供数据为止的这一段时间。对于普通用户来说，不必太过在意CL值，只需要了解在同等工作频率下，CL值低的内存更具有速度优势即可。
- 散热片。目前主流的DDR4内存通常都带有散热片，其作用是降低内存的工作温度、提升内存的性能、改善计算机散热环境，以及相对保证并延长内存寿命。
- 灯条。灯条是指在内存散热片里加入的LED灯，目前主流的内存灯条是RGB灯条，每隔一段距离就放置一个具备RGB三原色发光功能的LED灯珠，然后通过芯片控制LED灯珠实现不同颜色的光效，如流水光、彩虹光等。具备灯条的内存不仅美观度会得到大幅度提升，性能一般也更高。

（三）选配内存的注意事项

在选配内存时，除了需要考虑该内存的产品规格外，还需要从其他硬件的支持和辨别真伪等方面综合考量。

1. 其他硬件的支持

内存的类型很多，不同类型的主板支持不同类型的内存。因此，在选配内存时，需要考虑主板支持的内存类型。另外，CPU的支持对内存也很重要，如在组建双通道内存时，一定要选配支持双通道技术的主板和CPU。

2. 辨别真伪

用户在选配内存时，需要结合各种方法辨别真伪，避免购买到假冒产品，以保障自己的权益。

- 售后。许多品牌内存都为用户提供一年包换、三年保修的售后服务，有的甚至承诺终身保修。
- 价格。在购买内存时，价格也非常重要，一般建议货比三家，从中选择价格较为便宜的内存。但价格过于低廉时，就应注意其是否为假冒产品。
- 网上验证。有的内存可以到其官方网站或微信公众号验证真伪。图2-42所示为金士顿内存的公众号真伪验证。

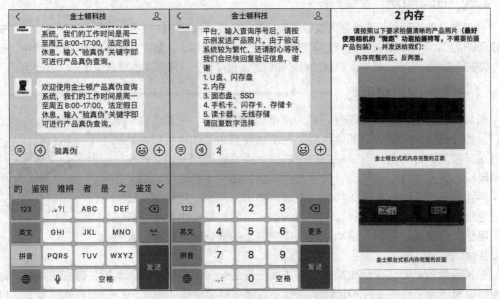

图2-42　金士顿内存的公众号真伪验证

- 外观判断。一根好的内存不仅要做工精细，其外包装还应该有防静电和防震等功能。图2-43所示为正品金士顿内存的外部防伪标识。

3. 选配主流品牌

目前主流的内存品牌有金士顿、宇瞻、影驰、芝奇、三星、金邦、金泰克、海盗船和威刚等。

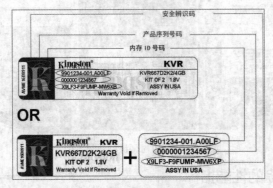

图2-43　金士顿内存的外部防伪标识

////// **任务四** 选配机械硬盘

计算机中的存储设备主要是硬盘，而公司需要存储的数据较多，对存储空间的要求较大。所以，米拉需要选配容量较大且价格合适的机械硬盘。

一、任务目标

本任务将介绍机械硬盘的外观结构、影响机械硬盘性能的主要指标，以及选配机械硬盘的注意事项。通过本任务的学习，可以全面了解机械硬盘，并学会如何选配机械硬盘。

二、相关知识

硬盘是计算机硬件系统中最为重要的数据存储设备，具有存储空间大、数据传输速度快、安全系数高等优点，因此，计算机运行必需的操作系统、应用程序、大量的数据等都保存在硬盘中。硬盘分为机械硬盘和固态盘，其中，机械硬盘是传统的硬盘类型，平常所说的硬盘都是指机械硬盘。

（一）认识机械硬盘

机械硬盘分为内外两个部分，其内部结构比较复杂，主要由主轴电机、盘片、磁头和传动臂等部件组成。在机械硬盘中，通常将磁性物质附着在盘片上，并将盘片安装在主轴电机上。当机械硬盘开始工作时，主轴电机将带动盘片一起转动，位于盘片表面的磁头（机械硬盘盘片的上下两面各有一个磁头，磁头与盘片有极其微小的间距。如果磁头碰到了高速旋转的盘片，就会破坏其中存储的数据，同时磁头也会被损坏）将在电路和传动臂的控制下移动，并将指定位置的数据读取出来，或将数据存储到指定位置。

扫一扫

高清大图

机械硬盘的外部结构比较简单，其正面一般是一张记录了机械硬盘相关信息的铭牌，背面是控制机械硬盘工作的主控芯片和电路板，后侧是机械硬盘的电源线接口和数据线接口。机械硬盘的电源线接口和数据线接口都是L形，通常长一点的是电源线接口，短一点的是数据线接口，如图2-44所示。电源线接口通过电源的SATA电源线进行连接，数据线接口通过SATA数据线与主板SATA插槽进行连接。

图2-44 机械硬盘的外部结构

（二）机械硬盘的性能指标

只有在了解了机械硬盘的主要性能指标后，才能对机械硬盘有比较深刻的认识，从而选配到满意的机械硬盘。

1. 容量

容量是机械硬盘的主要性能指标之一，包括总容量、单碟容量和盘片数3个参数。

- 总容量。总容量是用来表示机械硬盘能够存储多少数据的一项重要指标，通常以GB和TB为单位。目前主流的机械硬盘容量从320GB到18TB不等，其中，1TB以下的机械硬盘多为笔记本电脑所使用。
- 单碟容量。单碟容量是指每张机械硬盘盘片的容量。机械硬盘的盘片数是有限的，增大单碟容量可以提升机械硬盘的数据传输速率，其记录密度同数据传输速率成正比。因此，单碟容量才是机械硬盘容量最重要的性能参数，目前最大的单碟容量为1200GB。
- 盘片数。机械硬盘的盘片数一般为1~10，在总容量相同的条件下，盘片数越少，机械硬盘的性能越好。

知识提示　　　　　　　　　　**硬盘容量单位**

　　硬盘容量单位包括字节（B，byte）、千字节（KB，kilobyte）、兆字节（MB，megabyte）、吉字节（GB，gigabyte）、太字节（TB，terabyte）、拍字节（PB，petabyte）、艾字节（EB，exabyte）、泽字节（ZB，zettabyte）和尧字节（YB，yottabyte）等。硬盘容量的换算关系为1YB=1024ZB，1ZB=1024EB，1EB=1024PB，1PB=1024TB，1TB=1024GB，1GB=1024MB，1MB=1024KB，1KB=1024B。

---

2. 接口

目前机械硬盘的接口类型主要是SATA。SATA接口提高了数据传输的可靠性，同时还具有结构简单、支持热插拔等优点。目前主要使用的SATA接口包含2.0和3.0两种标准接口，其中，SATA 2.0标准接口的数据传输速率可达到300MB/s，SATA 3.0标准接口的数据传输速率可达到600MB/s。

3. 传输速率

传输速率是衡量机械硬盘性能的重要指标之一，包括缓存、转速和接口速率3个参数。

- 缓存。缓存的大小是直接关系到机械硬盘传输速度的重要因素。当机械硬盘存取零碎数据时，机械硬盘与内存之间需要不断地进行数据交换，如果缓存较大，则可以将这些零碎数据暂存在缓存中，减小外系统的负荷，提高数据的传输速率。目前主流的机械硬盘缓存大小包括8MB、16MB、32MB、64MB、128MB和256MB。
- 转速。转速是机械硬盘内电机主轴的旋转速度，也就是机械硬盘盘片在一分钟内所能完成的最大转数。转速的快慢是衡量机械硬盘档次和决定机械硬盘内部传输速率的关键因素之一。机械硬盘的转速越快，其寻找文件的速度就越快，传输速率也会相对得到较大的提高。机械硬盘转速以每分钟多少转来表示，单位为r/min（转每分钟），且值越大越好。目前主流的机械硬盘转速有5400r/min、5900r/min、7200r/min和10000r/min。
- 接口速率。接口速率是指机械硬盘接口读写数据的实际速率。SATA 2.0标准接口的实际读写速率是300MB/s，带宽为3Gbit/s；SATA 3.0标准接口的实际读写速率是600MB/s，带宽为6Gbit/s，这也是SATA 3.0标准接口性能更优秀的原因。

（三）选配机械硬盘的注意事项

选配机械硬盘时，除了要注意各项性能指标外，还需要了解硬盘的性价比、售后服务和品牌等。

- 性价比。机械硬盘的性价比可通过计算每款产品的"每GB的价格"得出衡量值，计算方法是用产品市场价格除以产品容量得出"每GB的价格"，值越低，性价比越高。
- 售后服务。机械硬盘中保存的都是较为重要的数据，因此，机械硬盘的售后服务特别重要。目前机械硬盘的质保期多在2~3年，有些甚至长达5年。
- 品牌。市面上生产硬盘的厂家主要有西部数据、希捷和HGST等。

任务五　选配固态盘

公司一些部门的员工对计算机读写文件的速度要求较高，因此，即便米拉为公司的计算机选配了大容量的机械硬盘，但老洪还是要求米拉再选配一定数量的固态盘，并将其作为计算机的系统盘，以提升计算机的运行速度。

一、任务目标

本任务将介绍固态盘的外观结构、影响固态盘性能的主要指标，以及选配固态盘的注意事项。通过本任务的学习，可以全面了解固态盘，并学会如何选配固态盘。

二、相关知识

固态盘在接口的规范和定义、功能及使用方法上与机械硬盘完全相同，某些固态盘在产品外形和尺寸上也与机械硬盘一致。由于其读写速度远远高于机械硬盘，且功耗比机械硬盘低，同时还比机械硬盘轻便，防震抗摔，所以目前通常将固态盘作为计算机的系统盘。

（一）认识固态盘

扫一扫

高清大图

固态盘（Solid State Drive，SSD）是用固态电子存储芯片阵列制成的存储装置，区别于机械硬盘由盘片、磁头等机械部件构成，整个固态盘结构无机械装置，全部都由电子芯片及电路板组成。固态盘的外观就目前来看，主要有以下3种样式。

- 与机械硬盘类似的外观。这种固态盘比较常见，也是普通固态盘外观，其外面是一层保护壳，里面是安装了电子存储芯片阵列的电路板，后面是数据线接口和电源线接口，如图2-45所示。
- 裸电路板外观。这种固态盘由直接在电路板上集成存储、控制和缓存的芯片与接口组成，如图2-46所示。
- 类显卡式外观。这种固态盘类似于显卡，接口也可以使用显卡的PCI-E接口，其安装方式也与显卡的安装方式相同，如图2-47所示。

图2-45　与机械硬盘类似的外观　　图2-46　裸电路板外观　　图2-47　类显卡式外观

固态盘的内部有主控芯片、闪存颗粒和缓存单元3个重要组成部分。

- 主控芯片。主控芯片是整个固态盘的核心元件，其作用是合理调配数据在各个闪存芯片上的负荷，以及承担整个数据中转、连接闪存芯片和外部接口的任务。当前主流的主控芯片厂商有Marvell（俗称"马牌"）、SandForce、Silicon Motion（慧荣）、Phison（群联）和JMicron（智微）等。
- 闪存颗粒。存储单元是硬盘的核元件，而在固态盘里，闪存颗粒替代机械磁盘成为存储单元。
- 缓存单元。缓存单元是固态盘用于缓存数据的部分，当CPU或应用程序需要读取数据时，缓存单元会首先从闪存颗粒中读取数据，然后缓存到主控芯片中。

（二）固态盘的性能指标

只有了解了固态盘的主要性能指标后，才能对固态盘有较为深刻的认识，从而选配到满意的固态盘。

1. 闪存颗粒的构架

固态盘的成本主要集中在闪存颗粒上，它不仅决定了固态盘的使用寿命，而且对固态盘性能的影响非常大，而决定闪存颗粒性能的就是闪存构架。

固态盘中的闪存颗粒都是NAND闪存，因为NAND闪存具有非易失性存储的特性，即断电后仍能保存数据，所以被大范围运用。目前的固态盘市场中，主流的闪存颗粒厂商主要有Toshiba（东芝）、SAMSUNG（三星）、Intel（英特尔）、Micron（美光）、SKHynix（海力士）和SanDisk（闪迪）等。根据NAND闪存中电子单元密度的差异，可将NAND闪存构架分为SLC、MLC、TLC和QLC，这4种闪存构架在寿命及造价上有着明显的区别。

- SLC（单层式存储）。SLC是单层存储单元，每个Cell单元储存1个数据。写入数据时电压变化区间小，寿命长，读写次数在10万次以上，造价成本高。
- MLC（多层式存储）。MLC是双层存储单元，每个Cell单元储存1个数据，寿命长，造价适中，多用于民用中高端产品，读写次数在5000次左右。
- TLC（三层式存储）。TLC是MLC闪存的延伸，每个Cell单元储存3个数据。TLC存储密度最高，容量是MLC的1.5倍，造价成本低，寿命短，读写次数在1000～2000次，是当下主流厂商的首选闪存构架。
- QLC（四层式存储）。QLC出现时间很早，但一直未被关注，每个Cell单元储存4个数据。QLC性能差，寿命短，只能经受约1000次的读写，但是容量相较其他构架有所提升，成本也在持续降低。如果能够提升读写次数，那么QLC将是未来的发展趋势。

2. 接口类型

目前市面上的固态盘接口类型包括SATA 3.0/2.0、M.2、PCI-E、Type-C、USB 3.1/3.0、U.2、SAS和PATA等多种，但普通家用计算机中常用的还是SATA 3.0和M.2。

扫一扫

高清大图

- SATA 3.0接口。SATA是硬盘接口的标准规范，SATA 3.0和前面介绍的硬盘接口完全一样。这种接口的最大优势是非常成熟，能够发挥出主流固态盘的最大性能。
- M.2接口。M.2接口的原名是NGFF接口，是用来取代以前主流的MSATA接口的。从规格尺寸和传输性能等方面来看，M.2接口都要比MSATA接口好很多。另外，M.2接口的固态盘还支持非易失性快速存储器（Non-Volatile Memory Express，NVMe）接口规范，通过新的NVMe接入的固态盘，在性能方面的提升非常明显。M.2接口同时支持PCI-E通道及SATA通道，因此，M.2接口又可分为M.2 SATA和M.2 PCIe两种类型。图2-48所示为M.2 SATA接口的固态盘。

知识提示

M.2 PCIe接口

首先，从外观上看，M.2 PCIe接口的固态盘的金手指只有两个部分，而M.2 SATA接口的固态盘的金手指有3个部分，图2-49所示为M.2 PCIe接口的固态盘；其次，M.2 PCIe接口的固态盘支持PCI-E通道，而PCI-E 5.0×16通道的理论带宽已经达到了128Gbit/s，远远超过了SATA接口；最后，同等容量的固态盘，由于M.2 PCIe接口的性能更高，所以其价格也相对较高。

图2-48　M.2 SATA接口的固态盘

图2-49　M.2 PCIe接口的固态盘

- PCI-E接口。这种接口对应主板上的PCI-E插槽，与显卡的PCI-E接口完全相同。PCI-E接口的固态盘最开始主要是在企业级市场中使用，因为它需要不同的主控，所以在性能提升的基础上，成本也高了不少。在目前的市场上，PCI-E接口的固态盘通常都是企业或高端用户使用。图2-50所示为PCI-E接口的固态盘。
- 基于NVMe的PCI-E接口。NVMe是面向PCI-E接口的，使用原生PCI-E通道与CPU直连可以免去SATA与SAS接口外置控制器（PCH）与CPU通信所带来的延时。基于NVMe的PCI-E接口的固态盘（见图2-51）其实就是将一块支持NVMe的M.2接口的固态盘安装在支持NVMe的PCI-E接口的电路板上。这种安装在电路板上的M.2接口通常支持PCI-E 2.0×4总线，理论带宽可达到2GB/s，远胜于SATA接口的600MB/s。如果主板上有M.2插槽，则可以将M.2接口的固态盘主体拆下来直接插在主板上，不占用机箱的其他内部空间。

图2-50　PCI-E接口的固态盘

图2-51　基于NVMe的PCI-E接口的固态盘

- Type-C接口和USB 3.1/3.0接口。使用这3种接口的固态盘都被称为移动固态盘，移动固态盘可以通过主板外部接口中对应的接口连接计算机。

- U.2接口。U.2接口其实是SATA接口的衍生类型，可以看作4通道的SATA接口。U.2接口的固态盘支持NVMe，理论带宽可达到32Gbit/s。需要注意的是，使用这种接口的固态盘需要主板上有专用的U.2插槽。
- SAS接口。SAS和SATA都是采用串行技术的数据存储接口，采用SAS接口的固态盘支持双向全双工模式，性能超过SATA接口的固态盘，但价格较高，产品定位为企业级。
- PATA接口。PATA就是并行ATA硬盘接口规范，也就是通常所说的IDE接口，基于该接口的产品定位为消费类和工控类，现在已逐步淡出主流市场。

（三）选配固态盘的注意事项

固态盘通常比相同容量的机械硬盘贵，所以用户在组装计算机时，应该尽量选择固态盘（系统盘）+机械硬盘（数据盘）的组合。以240GB的固态盘为例（实际容量在230GB左右），其中80GB左右会用于系统分区，剩下的150GB左右则用于安装软件及存储重要资料。如果还需要存储大量资料，那么可以再加一块大容量的机械硬盘，这样比较经济实惠。另外，选配固态盘时，首先要了解固态盘和机械硬盘的优缺点，然后选择固态盘的类型。

1. 固态盘的优点

固态盘相较于机械硬盘，其优点主要体现在以下5个方面。

- 读写速度快。固态盘采用闪存作为存储介质，读写速度相对机械硬盘来说更快。另外，固态盘厂商大多会宣称自家的固态盘持续读写速度超过500MB/s，而常见的7200r/min机械硬盘的平均读写速度通常为60~170MB/s。
- 防震抗摔性。固态盘的防震抗摔性更好。
- 低功耗。固态盘的功耗要低于机械硬盘。
- 无噪声。固态盘没有机械马达和风扇，工作时噪声值为0分贝，而且具有发热量小、散热快等优点。
- 轻便。固态盘比机械硬盘轻，即便是与机械硬盘外观类似的固态盘，与常规机械硬盘相比都要轻20~30g。

2. 固态盘的缺点

与机械硬盘相比，固态盘也有如下不足。

- 容量小。市面上常见的固态盘最大容量目前仅为4TB（PCI-E接口的固态盘除外）。
- 寿命短。固态盘闪存具有擦写次数限制的问题，SLC构架的固态盘有10万次的写入寿命，成本较低的MLC构架的固态盘写入寿命仅有1万次，而廉价的TLC构架的固态盘写入寿命则只有500~1000次。
- 售价高。在相同容量下，固态盘的价格比机械硬盘贵，有的甚至贵十倍到几十倍不等。

3. 固态盘的接口类型

了解了固态盘的各种优缺点和性能指标后，还需要了解选配的主板支持固态盘的哪些接口，支持M.2接口的就选配M.2接口的固态盘，不支持M.2接口的就选配SATA等接口的固态盘。

任务六 选配显卡

虽然普通办公用的计算机不需要配备独立显卡，使用CPU集成的显示芯片就可以满足日常需求，但公司设计部门对计算机显示性能的要求较高，还是需要为计算机选配独立显卡。所以，米拉需要在组装计算机的过程中选配独立显卡。

一、任务目标

本任务将介绍显卡的外观结构、影响显卡性能的主要指标，以及选配显卡的注意事项。通过本任务的学习，可以全面了解显卡，并学会如何选配显卡。

二、相关知识

显卡是一块独立的电路板，通过接口插入主板的插槽中，接收由主机发出的控制显示系统工作的指令和显示内容的数字信号，然后通过输出模拟信号或数字信号控制显示器显示各种字符和图形，它和显示器构成了计算机系统的图像显示系统。

（一）认识显卡

从外观上看，显卡主要由散热器、金手指、显示输出接口和电路板4部分组成，如图2-52所示。

扫一扫

高清大图

图2-52 显卡外观

1. 散热器

散热器是显卡的必备组件之一，用来为显卡的显示芯片散热，主要有风扇散热器和水冷散热器两种类型。

2. 金手指

金手指是连接显卡和主板的通道，不同结构的金手指代表不同的主板接口，目前主流的显卡金手指为PCI-E接口。

3. 显示输出接口

目前显卡的显示输出接口以HDMI和DP为主，如图2-53所示。另外，还有一些显卡配备了DVI和Type-C接口。

图2-53 显卡显示输出接口

- HDMI（High Definition Multimedia Interface）。HDMI即高清晰度多媒体接口，HDMI2.1版本可以提供高达48Gbit/s的数据传输带宽，传送无压缩音频信号及高分辨率视频信号，也是目前使用最多的视频接口。

- DP（Display Port）。DP是一种高清数字显示接口，既可以连接计算机和显示器，也可以连接计算机和家庭影院，它是作为HDMI的竞争对手和DVI的潜在继任者被开发出来的。DP2.0版本可提供的带宽高达80Gbit/s，充足的带宽满足了大尺寸显示设备对更高分辨率的需求。
- DVI（Digital Visual Interface）。DVI即数字视频接口，它可以将显卡中的数字信号直接传输到显示器上，从而使显示出来的图像更加真实、自然。
- Type-C接口。Type-C接口是显卡中一种面向未来的VR（Virtual Reality,虚拟现实）接口，该接口既可以连接一根Type-C线缆，传输VR眼镜需要的所有数据，包括高清的音频视频；也可以连接显示器中的Type-C接口，传输视频数据，如图2-54所示。

> **知识提示**　　　　　　　　　　　**显卡的外接电源接口**
>
> 　　一般来讲，显卡通过 PCI-E 接口由主板供电，但现在的显卡大部分功耗较高，需要外接电源独立供电，因而此时可在显卡上设置外接电源接口（通常是 8 针或 6 针），如图 2-55 所示。

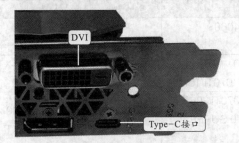

图2-54　DVI和Type-C接口

图2-55　外接电源接口

4. 电路板

将显卡的散热器拆卸后，显卡的电路板就会露出来，上面有显示芯片和显存两大重要部件，如图2-56所示。

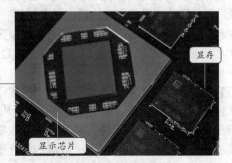

图2-56　电路板

- 显示芯片。显示芯片是显卡最重要的部分，其主要作用是处理软件指令，让显卡能实现某些特定的绘图功能，它直接决定了显卡的性能。由于显示芯片发热量巨大，因此往往在其上都会覆盖散热器进行散热。
- 显存。显存即显卡内存，是显卡中用来临时存储显示数据的部件，其容量与存取速度对显卡的整体性能有着举足轻重的影响，而且将直接影响显示的分辨率和颜色位数(显存容量=显示分辨率x颜色位数/8bit)。通常显存容量越大，所能显示的分辨率及颜色位数就越高。

（二）显卡的性能指标

显卡的性能主要由显示芯片和显存的性能决定，主要包括以下重要指标。

1. 显示芯片

显示芯片主要包括制程工艺、核心频率、芯片厂商和芯片型号4个参数。

- 制程工艺。显示芯片的制程工艺与CPU的类似，也可用来衡量其加工精度。制程工艺的提高意味着显示芯片的体积更小、集成度更高、性能更强大、功耗更低。现在主流芯片的制程工艺为28nm、16nm、14nm、12nm、8nm和7nm，数字越小，制程工艺越精细。
- 核心频率。核心频率是指显示核心的工作频率，在同样级别的芯片中，核心频率高的性能较强。但显卡的性能由核心频率、显存、像素管线和像素填充率等多方面的因素决定，因此在芯片不同的情况下，核心频率高并不代表此显卡性能强。
- 芯片厂商。显示芯片的开发厂商主要有NVIDIA和AMD。
- 芯片型号。不同的芯片型号有不同的适用范围，如表2-1所示。

表2-1　显卡芯片型号分类

类别	NVIDIA	AMD
入门	GTX 1650/1650 SUPER/1050Ti/1060，GT 1030	RX 560D/560/550
主流	RTX 2060 SUPER/2060/2070，GTX 1660 Ti /1660/1660 SUPER/1080/1070Ti/1070	RX 5700/5600 XT/5500 XT/560 XT/590/580/570
专业	RTX 3090Ti/3090/3080/3080Ti/3070/3070Ti/3060/3060Ti/2080Ti/2080 SUPER/2080/2070 SUPER，GTX 1080 Ti	RX 6950 XT/6900 XT/6800 XT/6700 XT/6800/5700 XT

2. 显存规格

显存是显卡的核心部件之一，它的品质和容量大小直接关系到显卡的最终性能。如果说显示芯片决定了显卡所能提供的功能和基本性能，那么显卡性能的发挥则在很大程度上取决于显存，因为无论显示芯片的性能如何出众，最终其性能都要通过配套的显存来发挥。显存规格主要包括显存频率、显存容量、显存位宽、显存速度、最大分辨率和显存类型等6个参数。

- 显存频率。显存频率是指默认情况下该显存在显卡上工作时的频率，以MHz（兆赫兹）为单位。显存频率在一定程度上反映了该显存的速度，同样的显存类型，显存频率越高，显卡性能越强。
- 显存容量。从理论上讲，显存容量决定了显示芯片能够处理的数据量，显存容量越大，显卡性能越好。目前市场上常见的显存容量从1GB到24GB不等。
- 显存位宽。通常情况下把显存位宽理解为数据进出通道的大小，在显存频率和显存容量相同的情况下，显存位宽越大，数据的吞吐量就越大，显卡的性能也就越高。目前市场上常见的显存位宽从64bit到4096bit不等。
- 显存速度。显存的时钟周期就是显存时钟脉冲的重复周期，它是衡量显存速度的重要指标。显存速度越快，单位时间内交换的数据量就越大，在同等情况下显卡性能也就越强。显存频率与显存时钟周期互为倒数关系（也可以说显存频率与显存速度互为倒数关系），即显存时钟周期越小，显存频率就越高，显存速度也就越快，显卡的性能表现也就越好。

- 最大分辨率。最大分辨率表示显卡输出给显示器，并能在显示器上描绘像素点的数量。分辨率越大，所能显示的图像像素点就越多，就显示更多的细节，当然也就越清晰。最大分辨率在一定程度上与显存有直接关系，因为这些像素点的数据最初都要存储在显存内，所以显存容量会影响到最大分辨率。目前显卡的最大分辨率通常为2560像素×1600像素、3840像素×2160像素、4096像素×2160像素、7680像素×4320像素及以上。
- 显存类型。显存类型也是影响显卡性能的重要参数之一，目前市面上的显存主要有HBM和GDDR两种。GDDR显存在很长一段时间内是市场上的主流类型，从过去的GDDR1一直到现在的GDDR5和GDDR5X。HBM显存是最新一代的显存，是用来替代GDDR的。HBM采用堆叠技术，减小了显存的体积，增加了位宽，其单颗粒的位宽是1024bit，是GDDR5的32倍。在同等容量的情况下，HBM显存的性能相比GDDR5提升了约65%，功耗降低了约40%。最新的HBM2显存的性能可在原来的基础上翻一倍。

3．散热方式

随着显卡核心工作频率与显存工作频率的不断提升，显示芯片和显存的发热量也在增加，因而显卡都需要进行必要的散热。优秀的散热方式也是选购显卡的重要指标之一。

- 主动式散热。这种散热方式是在散热片上安装散热风扇，这是显卡的主要散热方式，目前大多数显卡也都采用这种散热方式。
- 水冷式散热。这种散热方式的散热效果好，没有噪声，但由于散热部件较多，需要占用较大的机箱空间，所以成本较高。

4．多GPU技术

在显卡技术发展到一定水平的情况下，利用多GPU（Graphics Processing Unit，图形处理单元）技术可以在单位时间内有效提升显卡的性能。多GPU技术就是联合使用多个GPU核心的运算力，得到高于单个GPU的性能，从而提升计算机的显示性能。NVIDIA的多GPU技术叫作SLI，AMD的多GPU技术叫作CF。

- SLI。可升级连接接口（Scalable Link Interface，SLI）是NVIDIA公司的专利技术，它通过一种特殊的接口（称为SLI桥接器或者显卡连接器）连接方式，在一块支持SLI技术的主板上同时连接并使用多块显卡，从而提升计算机的图形图像处理能力。图2-57所示为双卡SLI。
- CF。CF（CrossFire，交叉火力，简称交火）是AMD公司的多GPU技术，它通过CF桥接器让多张显卡同时在一台计算机上连接使用，以提高运算效能。图2-58所示为显卡上的CF接口，通常位于显卡的顶部。

图2-57　双卡SLI　　　　　　　　　图2-58　显卡上的CF接口

- Hybird SLI/CF。Hybird SLI/CF就是通常所说的混合交火技术，利用核芯显卡和普通显卡进行交火，从而提升计算机的显示性能，最高可以使计算机的图形图像处理能力增强到原来的150%左右，但远达不到SLI/CF的水平，SLI/CF最高可以使计算机的图形图像处理能力增强到原来的180%左右。相较于SLI/CF，中低端显卡用户可以通过混合交火带来性价比的提升和使用成本的降低；高端显卡用户则可以在一些特定模式下，通过混合交火支持的独立显示芯片休眠功能来控制显卡的功耗，以节约能源。

5. 流处理器

流处理器（Stream Processor，SP）对显卡性能起着决定性作用，可以说高、中、低端的显卡除了显示核心不同外，最主要的差别就在于流处理器的数量，流处理器越多，显卡的图形图像处理能力就越强，这两者一般成正比关系。流处理器很重要，但NVIDIA和AMD同样级别的显卡的流处理器数量却相差巨大，这是因为两种显卡使用的流处理器种类不一样。

- AMD。AMD公司的显卡使用的是超标量流处理器，其特点是浮点运算能力强，表现在图形图像处理上则是偏重于图像的画面和画质。
- NVIDIA。NVIDIA公司的显卡使用的是矢量流处理器，其特点是每个流处理器都具有完整的算术逻辑部件（Arithmetic and Logic Unit，ALU），表现在图形图像处理上则是偏重于处理速度。
- NVIDIA和AMD的区别。通常认为，NVIDIA显卡的流处理器图形图像处理速度快，AMD显卡的流处理器图形图像处理画面好。NVIDIA显卡的1个矢量流处理器可以完成约5个AMD显卡的超标量流处理器的工作任务，也就是约为1:5的换算关系。如果某AMD显卡的流处理器为480个，其性能大概相当于具有96个流处理器的NVIDIA显卡。

（三）选配显卡的注意事项

在组装计算机时，用户通常会对计算机的显示性能和图形图像处理能力有较高的要求，所以在选配显卡时，一定要注意以下5个事项。

- 选料。如果显卡的选料上乘，那么这块显卡的性能较好，但价格相对也较高；如果一块显卡价格低于同档次的其他显卡，那么这块显卡的选料可能稍次。
- PCB电路板层数。一块性能优良的显卡，其PCB电路板层数通常较多，这样的PCB电路板可以增加走线的灵活性，减少信号干扰。
- 布线。为使显卡正常工作，显卡内通常密布着许多电子线路，用户可直观地看到这些线路。正规厂家的显卡布局清晰、整齐，各个线路间都保持着比较固定的距离，各种元件也非常齐全，而低端显卡上常会出现空白的区域。
- 包装。一块通过正规渠道进货的新显卡，包装盒上的封条一般都是完整的，而且显卡上还会有中文的产品标记和生产厂商的名称、产品型号和规格等信息。
- 品牌。大品牌的显卡做工精良，售后服务也好，定位于低、中、高不同市场的产品也多，方便用户选购。市场上的主流显卡品牌包括七彩虹、影驰、索泰、微星、XFX讯景、华硕、蓝宝石、迪兰和耕升等。

多学一招

核芯显卡和独立显卡

组装计算机时，一定要根据用户对显卡的需求来选择是使用核芯显卡还是独立显卡。对于入门或者办公用户，使用核芯显卡就足够了，这样可降低组装计算机的成本，同时核芯显卡还有更好的稳定性。例如，Intel CORE i3 系列的 9100CPU，其集成的 Intel UHD Graphics 630 集成显卡具有 350MHz 的显示频率、64GB 的显存、4096 像素×2304 像素的最大分辨率，完全能够满足普通用户的基本显示要求，甚至对于基本的图形图像处理及主流的网络游戏都能轻松应付。而对于要进行专业的图形图像处理、视频编辑处理的用户，则需要选配独立显卡。

任务七　选配显示器

公司不同部门对显示器有不同的需求，普通部门只要屏幕足够大就行，而设计部门需要具有高分辨率的曲面宽屏显示器。于是，米拉准备根据各部门不同的需求选配显示器。

一、任务目标

本任务将介绍显示器的外观结构和类型、影响显示器性能的主要指标，以及选配显示器的注意事项。通过本任务的学习，可以全面了解显示器，并学会如何选配显示器。

二、相关知识

计算机的图像输出系统由显卡和显示器组成，显卡处理的各种图像数据最后都会通过显示器呈现在用户眼前，而显示器的好坏会直接影响图像的显示效果和用户的使用体验。

（一）认识显示器

目前市面上的显示器都是液晶显示器（Liquid Crystal Display，LCD），它具有低辐射危害、屏幕较少闪烁、工作电压低、功耗低、质量轻和体积小等优点。显示器通常分为正面和背面，另外还有各种控制按钮和接口，如图2-59所示。

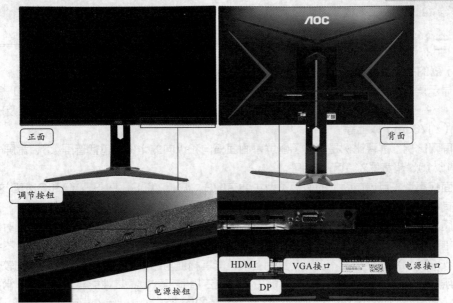

图2-59　显示器外观

目前市面上的LCD显示器主要可分为以下两种类型。

- LED显示器。LED是发光二极管，LED显示器就是由发光二极管组成显示屏的LCD显示器。LED显示器在亮度、功耗、可视角度和刷新率等方面都更具优势，其单个元素的反应速度约为LCD屏的1000倍，在强光下也非常清楚，并且能适应约-40℃的低温。
- 曲面显示器。曲面显示器是指面板带有弧度的LCD显示器，如图2-60所示。曲面显示器不仅具有与普通LCD显示器完全相同的所有功能，而且曲面屏幕的弧度可以尽可能保证屏幕表面各个部位与眼睛的距离均等，从而带来比普通显示器更好的感官体验。

图2-60　曲面显示器

知识提示

显示器的分辨率

目前市面上对显示器的分类标准并不统一，还有一种常用的分类方式是根据最大分辨率进行分类。例如，将分辨率达到5K标准的显示器称为5K显示器。分辨率是指显示器所能显示的像素有多少，通常用显示器在水平和垂直显示方向能够达到的最大像素数来表示。一般标清720P为1280像素×720像素，高清1080P为1920像素×1080像素，超清1440P为2560像素×1440像素，2K为3440像素×1440像素，4K为4096像素×2160像素，5K为5120像素×2880像素，6K为6016像素×3384像素，8K为7680像素×4320像素。

（二）显示器的性能指标

显示器的主要性能指标包括以下9个参数。

- 显示屏尺寸。显示屏尺寸包括20英寸（显示屏对角线折合约51cm）以下、20~22英寸（51~56cm）、23~26英寸（58~66cm）、27~30英寸（69~76cm）及30英寸（约76cm）以上等。
- 屏幕比例。屏幕比例是指显示器屏幕画面横向和纵向的比例，包括普屏4:3、宽屏16:9和16:10、超宽屏21:9和32:9等。
- 面板类型。目前市面上的面板类型主要有IPS、TN、ADS、PLS、VA和OLED这6种。其中，IPS面板是目前显示器面板的主流类型，优点是可视角度大、色彩真实、动态画质出色、节能环保；缺点是可能出现大面积的边缘漏光。TN面板的优点是响应时间短、辐射水平低、眼睛不易产生疲劳感；缺点是可视角度受到了一定的限制，一般不会超过160°。ADS面板并不多见，其他各项性能指标通常略低于IPS，由于其价格比较低廉，所以也被称为廉价IPS。PLS面板主要用在三星显示器上，其性能与IPS面板非常接近。VA面板分为MVA和PVA两种，后者是前者的继承和改良，优点是可视角度大、黑色表现更为纯净、对比度高、色彩还原准确；缺点是功耗比较高、响应时间比较长、面板的均匀性一般、可视角度比IPS面板稍差。OLED面板的优点是更薄、更轻，且更富于柔韧性，比普通LED显示器更亮、可视范围更广，且制造容易；缺点是使用寿命较短、同等条件下价格更高。
- 对比度。对比度越高，显示器的显示质量就越高，特别是玩游戏或观看影片时，更高对比度的显示器可以提供更好的显示效果。
- 动态对比度。动态对比度是指液晶显示器在某些特定情况下测得的对比度数值，其目的是保证明亮场景的亮度和昏暗场景的暗度。所以动态对比度对那些需要频繁在明亮场景和昏暗场景切换的应用（如看电影等）来说，有较为明显的实际意义。

知识提示　　　　　　　　　**IPS面板**

　　市面上的 IPS 面板又可分为 S-IPS、H-IPS、E-IPS 和 AH-IPS 这 4 类。从性能上看，这 4 种 IPS 面板的顺序是 H-IPS＞S-IPS＞AH-IPS＞E-IPS。在电子竞技领域，还有 Fast-IPS、Nano-IPS 和 Mini-LED 这 3 种与 IPS 面板相配套的显示技术。Fast-IPS 和 Nano-IPS 更偏向于液晶层技术，而 Mini-LED 更偏向于背光技术。Mini-LED 有着更为出色的显示能力，亮度高、色彩好，且响应时间容易做到更低，刷新率也容易提升，更适合作为电子竞技的专用显示器面板技术。

- 亮度。亮度越高，画面的层次就越丰富，显示质量也就越高。亮度单位为cd/m²，市面上主流的显示器亮度为250cd/m²。需要注意的是，亮度高的显示器不一定就是好的产品，因为画面过亮容易引起视觉疲劳，同时也会使纯黑与纯白的对比减弱，影响色阶和灰阶的表现。
- 可视角度。可视角度是指站在显示器旁时，仍可清晰看见影像的最大角度。由于每个人的视力不同，因此以对比度为准，在最大可视角度时所量到的对比度越大越好。主流显示器的可视角度都在160°以上。
- 灰阶响应时间。在玩游戏或看电影时，显示器屏幕内容不可能只做最黑与最白之间的切换，而是在五颜六色的多彩画面或深浅不同的层次之间变化，这些都是在做灰阶间的转换。灰阶响应时间短的显示器画面质量更好，尤其是在播放运动图像时。目前主流的显示器灰阶响应时间一般控制在6ms以下。
- 刷新率。刷新率是指电子束对屏幕上的图像重复扫描的次数，刷新率越高，所显示的图像（画面）稳定性就越好。只有在高分辨率下达到高刷新率的显示器才是性能优秀的显示器。目前市面上的显示器刷新率有75Hz、120Hz、144Hz、165Hz和200Hz及以上等多种类型。

（三）选配显示器的注意事项

在选配显示器时，除了需要注意显示器的各种性能指标外，还应该注意以下5个事项。

- 选购目的。如果是一般家庭和办公用户，则建议购买LED显示器，环保低辐射、性价比高；如果是游戏或娱乐用户，则可以考虑曲面显示器，颜色鲜艳、显示清晰；如果是图形图像设计用户，则最好使用大屏幕且分辨率更高的显示器，图像色彩鲜艳、画面逼真。
- 测试坏点。坏点数是衡量LCD液晶面板质量的一个重要标准，目前液晶面板的生产线技术还难以做到显示屏完全无坏点。检测坏点时，可在显示屏上显示全白或全黑的图像，在全白的图像上出现的黑点，或在全黑的图像上出现的白点，都被称为坏点，通常超过3个坏点就不要选购。
- 显示接口的匹配。显示接口的匹配是指显示器上的显示接口应该和显卡或主板上的显示接口至少有一个相同，这样才能通过数据线将它们连接在一起。如某台显示器有VGA和HDMI两种显示接口，而连接的计算机显卡上只有VGA和DVI显示接口，虽然也能够通过VGA接口连接，但显示效果却没有DVI或HDMI连接的好。
- 选购技巧。在选购显示器的过程中，应该"买大不买小"，通常16:9比例的大尺寸产品更具有购买价值，是用户选购时最值得关注的显示器规格。

- 主流品牌：常见的显示器主流品牌有三星、HKC、优派、AOC、飞利浦、明基、宏碁、长城、戴尔、TCL、联想、航嘉、泰坦军团、创维及华硕等。

任务八　选配机箱和电源

计算机的硬件已经选配得差不多了，但老洪说还有两个非常重要的硬件需要选配，那就是机箱和电源。如果说机箱像人体外表和骨骼一样保护和装配计算机的各种硬件，那么电源则像人的心脏一样为整个计算机系统提供动力。机箱和电源通常搭配在一起出售，但也可以根据需求单独购买，所以在选购时需要问清楚两者是否为捆绑销售。

一、任务目标

本任务将介绍机箱和电源的外观结构、影响机箱和电源性能的主要指标，以及选配机箱和电源的注意事项。通过本任务的学习，可以全面了解机箱和电源，并学会如何选配机箱与电源。

二、相关知识

机箱的主要作用是放置和固定各种计算机硬件，并屏蔽电磁辐射。电源的作用是为计算机提供动力。

（一）选配机箱

选配机箱时，需要了解机箱的结构、功能、样式、类型、性能指标，以及选配的一些注意事项等。

1. 机箱的结构

从外观上看，机箱一般为矩形框架结构，主要用于为主板、各种输入卡或输出卡、硬盘驱动器、光盘驱动器、电源等部件提供安装支架。图2-61所示为机箱的外观和内部结构。

扫一扫

高清大图

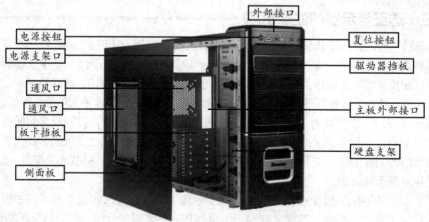

图2-61　机箱的外观和内部结构

外部接口
电源按钮
电源支架口
通风口
通风口
板卡挡板
侧面板
复位按钮
驱动器挡板
主板外部接口
硬盘支架

2. 机箱的功能

机箱的主要功能是为计算机的核心部件提供保护。如果没有机箱，那么CPU、主板、内存和显卡等部件就会裸露在空气中，这样不仅不安全，空气中的灰尘还会影响其正常工作，并使这些部件氧化或损坏。机箱的具体功能主要体现在以下4个方面。

- 机箱面板上有许多指示灯，可方便用户观察系统的运行情况。
- 机箱面板上的电源按钮可方便用户控制计算机的启动和关闭。
- 机箱为CPU、主板、各种板卡和存储设备，以及电源等提供了放置空间，并通过其内部的支架和螺丝将这些部件固定，以形成一个集装型的整体，从而起到了保护罩的作用。
- 机箱坚实的外壳不但能保护其中的设备，包括防压、防冲击和防尘等，还能起到防电磁干扰和防辐射的作用。

3．机箱的样式

机箱的样式主要有立式、卧式和立卧两用式，具体介绍如下。

扫一扫

高清大图

- 立式机箱。主流计算机的机箱大部分都为立式，立式机箱的电源在上方或下方，其散热性比卧式机箱好。立式机箱没有高度限制，理论上可以安装比卧式机箱更多的驱动器或硬盘，并使计算机内部设备在安装时分布得更加科学，有利于散热。
- 卧式机箱。这种机箱外形小巧，可使整台计算机外观的一体感较强，占用空间相对较少。随着高清视频播放技术的发展，很多视频娱乐计算机都采用了这种机箱，其外面板还设计了视频播放插口，非常时尚、美观，如图2-62所示。
- 立卧两用式机箱。这种机箱适用不同的放置环境，既可以像立式机箱一样具有更多的内部空间，也能像卧式机箱一样占用较少的外部空间，如图2-63所示。

图2-62　卧式机箱　　　　　　图2-63　立卧两用式机箱

4．机箱的类型

不同结构类型的机箱中需要安装对应结构类型的主板，机箱的结构类型如下。

扫一扫

高清大图

- ATX。在大多数ATX结构的机箱中，主板安装在机箱的左上方，并且纵向放置，而电源则安装在机箱的后下部，存储设备安装在前置面板上，并且后置面板上预留了各种外部端口的位置，这样可以使机箱内的空间更加宽敞、简洁，且有利于散热。ATX机箱中通常安装ATX主板，如图2-64所示。
- MATX。MATX结构也被称为Mini ATX或Micro ATX结构，是ATX结构的简化版。其放置主板和电源的空间更小，生产成本也相对较低，一般仅支持4个及以下的扩充槽，机箱体积较小，扩展性有限，只适合对计算机性能要求不高的用户。MATX机箱中通常安装M-ATX主板，如图2-65所示。

图2-64 ATX机箱

图2-65 MATX机箱

- ITX。ITX机箱代表了计算机微型化的发展方向，这种结构的机箱大小相当于两块常规显卡的大小。ITX机箱的外观样式并不完全相同，除了安装对应主板的空间一样外，ITX机箱有很多形状，且很精美。HTPC通常使用的就是ITX机箱，ITX机箱中通常安装Mini-ITX主板，如图2-66所示。
- RTX。RTX机箱（见图2-67）主要通过巧妙的主板倒置来配合电源下置和背部走线系统。这种机箱结构可以提高CPU和显卡的热效能，解决以往背线机箱需要超长线材电源的问题，使空间利用率更高。但由于空间利用率太高，容易出现硬件之间相互影响散热的问题。

图2-66 ITX机箱

图2-67 RTX机箱

知识提示 **塔式机箱**

　　家用台式机的机箱以立式机箱为主，立式机箱也称为塔式机箱，可分为全塔、中塔、Mini 和开放式 4 种类型。全塔式机箱空间很大（有利于散热），可以装下服务器用主板和 E-ATX 主板。日常生活中常见的机箱多属于中塔，可以支持普通 ATX 板型主板和 E-ATX 板型主板。

5. 机箱的性能指标

在选配机箱时，可以参考以下性能指标。

- 侧透板。侧透机箱是指可以充分展现机箱内硬件灯效的时尚机箱类型。选购侧透机箱最重要的标准是侧透板的好坏，它直接影响机箱的质感和灯光的展示效果。目前主流的侧透机箱通常采用钢化玻璃和亚克力材质制作侧透板。从质感和透光性上看，钢化玻璃侧透机箱（见图2-68）明显优于亚克力侧透机箱，而且钢化玻璃较大的自重也可以提升整个机箱的稳固性，让机箱不会被轻易碰倒。但是钢化玻璃有一个致命的缺点——易碎，因为玻璃是脆性材料，所以如果不小心用尖锐的物品刺碰了机箱侧透板，就很容易造成玻璃破碎。另外一种侧透机箱采用深黑色或者茶色的亚克力材质作为侧透板，这一类侧透板在质感上要优于透明塑料侧透板。但是亚克力材质的侧透板（见图2-69）和透明塑料侧透板都有一个相同的缺点，那就是耐磨性差，使用一段时间后可能会产生大量划痕，影响机箱的外部观感。

图2-68　钢化玻璃侧透机箱

图2-69　亚克力侧透机箱

- 电源类型。机箱的电源类型主要有两种，一种是标配电源，另一种是选配电源。其中，选配电源需要用户自己选择并购买。通常标配电源与机箱的结合更紧密，并能更有效利用空间。
- 显卡限长。机箱显卡限长也被称为显卡最长支持，指的是计算机机箱显卡位的空间长度，大致就是机箱硬盘支架到机箱后面挡板的距离。这项指标的主要含义是显卡长度不能超过硬盘支架，否则会影响硬盘的各类接线。一般机箱的显卡限长在机箱参数中都有标明。目前主流机箱的显卡限长有200mm以下、200~300mm、301~400mm和400mm以上等标准。
- CPU散热器限高。这项性能指标主要用于对CPU散热器的高度进行限制。目前主流机箱的CPU散热器限高有140mm以下、140~150mm、151~160mm、161~170mm和170mm以上等标准。
- 电源设计。电源设计主要是指机箱中电源的位置，主要有上置和下置两种类型。通常情况下，下置电源机箱内的风道更加通畅，机箱的散热条件会有所改善，特别是安装了独立显卡的机箱，下置电源会使得显卡下方的空间变大，更容易吸入冷风，使显卡的工作更加稳定。

6. 选配机箱的注意事项

在选配机箱时，除了要求机箱具有上述良好性能外，还需要考虑机箱的做工、用料，以及附加功能，并了解机箱的主流品牌。

- 做工和用料。做工方面首先要查看机箱的边缘是否垂直，对于合格的机箱来说，这是最基本的标准，然后查看机箱的边缘是否采用卷边设计并已经去除掉了毛刺。好的机箱插槽定位准确，箱内还有撑杆，用来防止侧面板下沉。用料方面首先要查看机箱的钢板材料，好的机箱采用的是镀锌钢板，然后查看钢板的厚度，目前机箱的主流厚度为0.6mm，一些优质的机箱会采用0.8mm或1mm厚度的钢板。机箱的重量在某种程度上决定了机箱的可靠性和屏蔽机箱内外部电磁辐射的能力。
- 附加功能。为了方便用户使用耳机和U盘等外部设备，许多机箱都在正面的面板上设置了音频插孔和USB接口。有的机箱还在面板上添加了液晶显示屏，可以实时显示机箱内部的温度等。用户在挑选机箱时，应根据需要尽量购买性价比较高的产品。

- 主流品牌。主流的机箱品牌有游戏悍将、航嘉、鑫谷、爱国者、金河田、先马、长城、Tt、海盗船、酷冷至尊、安钛克、GAMEMAX、大水牛、至睿和超频三等。

（二）选配电源

选配电源时，需要了解电源的结构、性能指标、安规认证，以及选配的一些注意事项等。

1. 电源的结构

电源为计算机工作提供动力，电源的优劣不仅直接影响到计算机的工作稳定程度，还与计算机的使用寿命息息相关。图2-70所示为电源的外观结构。

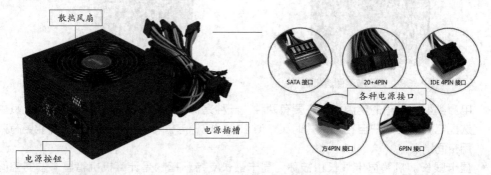

图2-70　电源的外观结构

- 电源插槽。电源插槽是专用的电源线连接口，通常是一个3针的接口。需要注意的是，电源线所插入的交流插线板的接地插孔必须已经接地，否则计算机中的静电将不能有效释放，可能导致计算机硬件被静电烧坏。
- SATA电源插头（SATA接口）。SATA接口一般是为硬盘提供电能的通道。它比D形电源插头要窄一些，但安装起来更加方便。
- 24针主板电源插头（20+4PIN）。20+4PIN插头是提供主板所需电能的通道。在早期，主电源接口是一个20针的插头，为了满足PCI-E ×16和DDR2内存等设备的电能消耗，目前主流的电源主板接口都在原来20针插头的基础上增加了一个4针的插头以加强供电。
- 辅助电源插头。辅助电源插头是为其他硬件提供电能的通道，有4PIN、6PIN和8PIN等类型，可以为CPU和显卡等硬件提供辅助电源。

2. 电源的性能指标

影响电源性能指标的基本参数包括风扇性能、额定功率和出线类型。

- 风扇性能。电源的散热方式主要是风扇散热，常见风扇的大小有8cm、12cm、13.5cm和14cm这4种，风扇越大且转速越高，其散热效果就越好。
- 额定功率。额定功率是指支持计算机正常工作的功率，是电源的输出功率，单位为W（瓦特）。市面上的电源功率从250W到2000W不等，由于计算机的配件较多，所以一般需要300W以上的电源才能满足需要。根据实际测试，计算机在进行不同的操作时，其实际功率不同，且电源一般在50%负载下的转换效率最高。
- 出线类型。电源市场上目前有模组、半模组和非模组3种出线类型，其主要区别是模组所有的线缆都是以接口的形式存在，可以拆卸；半模组除主板供电和CPU供电集成外，其他供电都是模组形式；非模组则是所有线缆都集成在电源上。同等规格下，模组电源的用料比较"豪华"，稳定性、散热性会更好，所以模组电源也更受高要求用户的青睐。

3. 安规认证

安规认证包含产品安全认证、电磁兼容认证、环保认证和能源认证等各个方面，是基于保护使用者与环境安全和保证质量的一种产品认证。能够反映电源产品质量的安规认证包括80PLUS和3C等，对应的标志通常标注在电源铭牌上，如图2-71所示。

- 80PLUS认证。80PLUS是为改善未来环境与节省能源而建立的一项严格的节能标准，通过80PLUS认证的产品，出厂后会带有80PLUS的认证标志。80PLUS认证按照20%、50%和80%这3种负载下的转换效率划分等级，要求在这些负载下转换效率均超过一定标准才能颁发认证，从低到高分为白牌、铜牌、银牌、金牌、白金牌和钛金牌6个认证标准，钛金牌等级最高，转换效率也最高，如图2-72所示。
- 3C认证。中国国家强制性产品认证（China Compulsory Certification，3C认证）是为保护消费者人身安全和国家安全、加强产品质量管理、依照法律法规实施的一种产品合格评定制度。

图2-71　电源的铭牌

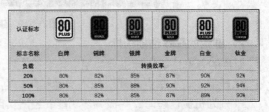

图2-72　80PLUS认证

4. 选配电源的注意事项

选配电源时，需要注意以下两个方面的内容。

- 注意做工。判断一款电源做工的好坏，可以首先从重量开始，一般高档电源的重量比次等电源重；其次，优质电源使用的电源输出线一般较粗；且从电源上的散热孔观察其内部，可以看到体积较大且厚度较厚的金属散热片和各种电子元件，优质的电源用料较多，且这些部件排列得也较为紧密。
- 主流品牌。主流的电源品牌有航嘉、鑫谷、爱国者、金河田、先马、至睿、长城、游戏悍将、超频三、海盗船、GAMEMAX、安钛克、振华、酷冷至尊、大水牛、Tt、华硕、台达、昂达、海韵、九州风神和多彩等。

任务九　选配键盘和鼠标

老洪告诉米拉，鼠标和键盘虽然常见，但这两个硬件的选配也马虎不得，因为这两个硬件是计算机的主要输入设备，计算机的各种操作和信息输入都要依靠这两个硬件进行。

一、任务目标

本任务将介绍键盘和鼠标的外观结构、影响键盘和鼠标性能的主要指标，以及选配键盘和鼠标的注意事项。通过本任务的学习，可以全面了解键盘和鼠标，并学会如何选配键盘和鼠标。

二、相关知识

键盘和鼠标是计算机的主要输入和控制设备，对计算机进行的操作通常由这两个硬件完成。

（一）选配键盘

选配键盘时，需要了解键盘的外观结构、基本性能指标、技术性能指标，以及选配时的一些注意事项等。

1．键盘的外观

键盘主要用于文本输入和程序编辑，此外，通过组合键还能实现便捷操作。虽然现在键盘的很多操作都可以由鼠标或手写板等设备来完成，但在文字输入方面的方便快捷性还是决定了键盘仍然占有重要的地位。键盘的外观如图2-73所示。

图2-73 键盘的外观

2．键盘的基本性能指标

键盘的基本性能指标主要包括以下4个方面。

扫一扫
高清大图

- 产品定位。根据功能、技术类型和用户需求的不同，可以将键盘分为机械、超薄、平板、多功能、经济实用和数字等类型。
- 连接方式。目前键盘的连接方式主要有有线、无线两种，其中，无线又可分为红外线和蓝牙等。
- 接口类型。键盘的接口类型主要有PS/2、USB和USB+PS/2双接口3种。
- 按键数。按键数是指键盘中按键的数量，标准键盘为104键，目前市场上还有87键、104键和107键等类型。

3．键盘的技术性能指标

键盘的技术性能指标主要包括以下7个方面。

- 按键寿命。按键寿命是指键盘中的按键可以敲击的次数。普通键盘的按键寿命大多在1000万次以上，如果敲击按键的力度大、频率快，则按键寿命会缩短。
- 按键行程。按键行程是指按下一个键到其恢复正常状态的时间。如果敲击键盘时感到按键上下起伏比较明显，那么说明它的按键行程较长。按键行程的长短关系到键盘的使用手感，按键行程较长的键盘会让人感到弹性十足，但使用起来比较费劲；按键行程适中的键盘会让人感到柔软舒服；按键行程较短的键盘长时间使用会让人感到疲惫。
- 按键技术。按键技术是指键盘按键所采用的工作方式，目前主要有机械轴、光轴、X架构和火山口架构4种。其中，机械轴是指键盘的每一颗按键都由一个单独的开关来控制闭合，这个开关就是"轴"，使用机械轴的键盘也被称为机械键盘，机械轴又包含黑轴、红轴、茶轴、青轴和白轴等类型。光轴键盘是近年来的新型键盘，它是在传统机械键轴技术的基础上，加入全新光学感应识别技术开发出的具有新型按键方式的键盘。X架构又叫剪刀脚架构，这种键盘所需的敲击力道小，噪声小、手感好，但价格稍高。火山口架构主要由卡位来实现开关的功能，有着更好的稳定性，但成本略高。

- 背光功能。背光功能主要体现在键盘按键或者面板发光，在夜晚不开灯的情况下也能清楚地看到按键字母。其原理是采用高亮度发光二极管嵌入设计好的键盘卡槽内，当计算机接收到键盘敲击的指令时，计算机就会通过指令控制发光二极管发光。目前主要有单色背光和多色背光两种类型，图2-74所示为多色背光键盘。

- 防水功能。水一旦进入键盘内部，就可能造成键盘损坏。具有防水功能的键盘使用寿命一般比不防水的键盘更长。图2-75所示为硅胶防水键盘。

图2-74　多色背光键盘　　　　　　　　图2-75　硅胶防水键盘

- 手托。键盘手托是为了适应人体工学的需求，以提升键盘的使用舒适度制作出来的，目前主要有一体式手托和可拆卸式手托两种类型，图2-76所示为手托键盘。手托材质包括实木、记忆海绵、硅胶和塑料等。通常104键、107键的手托键盘长度是44~45cm，宽度是8cm，厚度大多在2cm左右；87键的手托键盘除了长度变为36cm左右之外，宽度和厚度基本保持不变。

- 多媒体快捷键。多媒体快捷键是在传统键盘的基础上增加的快捷键或音量调节装置，如收发电子邮件、打开浏览器和启动多媒体播放器等操作都只需按一个特定按键。多媒体快捷键一般需要在安装了键盘驱动程序后才能使用。图2-77所示为多媒体快捷键键盘。

图2-76　手托键盘　　　　　　　　图2-77　多媒体快捷键键盘

4．选配键盘的注意事项

每个人的手形、手掌大小均不同，因此在选购键盘时，不仅要考虑功能、外观和做工等多方面的因素，还要试用产品，从而找到适合自己的产品。

- 功能和外观。虽然键盘上按键的布局基本相同，但各个厂家在设计产品时，一般还会添加一些额外的功能，如多媒体播放按钮和音量调节键等。在外观设计上，优质的键盘布局合理、美观，并引入人体工学设计，从而提升产品使用的舒适度。

- 做工。优质的键盘面板颜色清爽、字迹显眼，键盘背面有产品信息和合格标签；用手敲击各按键时，弹性适中，回键速度快且无阻碍，声音低，键位晃动幅度小；抚摸键盘表面会有类似于磨砂玻璃的质感，且表面和边缘平整，无毛刺。

- 主流品牌。目前市面上主流的键盘品牌有双飞燕、雷柏、海盗船、达尔优、雷蛇、罗技、樱桃、狼蛛、明基和联想等。

（二）选配鼠标

在计算机的日常操作中，鼠标的使用频率较高，甚至也可以进行输入文本和编辑程序的操作。

扫一扫

高清大图

1. 鼠标的外观

鼠标是计算机的两大输入设备之一，因其形似老鼠，所以得名鼠标。鼠标对于计算机的重要性不亚于键盘，使用鼠标可完成单击、双击、选择等一系列操作。图2-78所示为鼠标的外观。

滚轮

右键

左键

图2-78　鼠标的外观

2. 鼠标的基本性能指标

鼠标的基本性能指标包括以下6个方面。

- 鼠标大小。根据鼠标长度来划分鼠标大小——大鼠（＞120mm）、普通鼠（100～120mm）、小鼠（＜100mm）。
- 适用类型。针对不同类型的用户划分鼠标的适用类型，如经济实用、移动便携、商务舒适、游戏竞技和个性时尚等。
- 工作方式。工作方式是指鼠标的工作原理，目前常见的有光电、激光和蓝影3种，激光鼠标和蓝影鼠标从本质上说也属于光电鼠标。光电鼠标是通过红外线来检测鼠标的位移，将位移信号转换为电脉冲信号，再通过程序的处理和转换来控制屏幕上的鼠标指针移动的鼠标类型，光电鼠标又可分为蓝光、针光和无孔等类型。激光鼠标是使用激光作为定位照明光源的鼠标类型，其特点是定位精确，但成本较高。蓝影鼠标是普通光电鼠标配有蓝光二极管照到透明滚轮上的鼠标类型，蓝影鼠标性能优于普通光电鼠标，但不如激光鼠标。
- 连接方式。鼠标的连接方式主要有有线、无线和双模式（具有有线和无线两种使用模式）3种。图2-79所示为常见的无线鼠标及其无线信号接收器。

知识提示　　　　　　　　**无线鼠标和无线键盘的动力来源**

无线鼠标通常是通过安装5号或7号电池来获取动力的，如图2-80所示。同样，无线键盘的动力来源通常也是5号或7号电池。现在也有一些无线鼠标和无线键盘使用可充电的锂电池。

图2-79　无线鼠标及其无线信号接收器　　　　图2-80　无线鼠标电池槽

- 接口类型。鼠标的接口类型主要有PS/2、USB和USB+PS/2双接口3种。
- 按键数。按键数是指鼠标按键的数量，现在的按键数已经从两键、三键发展到了四键、八键，乃至更多键。一般来说，按键数越多的鼠标价格越高。

3. 鼠标的技术性能指标

鼠标的技术性能指标包括最高分辨率、分辨率可调、微动开关的使用寿命和人体工学4个参数。

- 最高分辨率。鼠标的分辨率越高，在一定距离内定位的定位点就越多，也就能更精确地捕捉到用户的微小移动，从而有利于精准定位。另外，dpi（每英寸像素数）越高，鼠标在移动相同物理距离的情况下，计算机中鼠标指针移动的逻辑距离会更远。目前主流鼠标的分辨率都在1000dpi以上，最高可达16 000dpi。
- 分辨率可调。分辨率可调是指可以通过选择挡位来切换鼠标的分辨率，也就是调节鼠标指针的移动速度。目前市面上的鼠标分辨率可调范围一般在6挡及以上。
- 微动开关的使用寿命（按键使用寿命）。微动开关的作用是将用户按键的操作传输到计算机中。优质鼠标要求每个微动开关的正常寿命都不低于10万次的单击，且手感适中，不能太软或太硬。劣质鼠标按键不灵敏，会给操作者带来诸多不便。
- 人体工学。人体工学是指工具的使用方式尽量适合人体的自然形态，在工作时，身体和精神不需要任何的主动适应，从而减少因适应工具造成的疲劳感。鼠标的人体工学设计主要是造型设计，分为对称设计、右手设计和左手设计3种类型。

4. 选配鼠标的注意事项

在选配鼠标时，可以先从手感适合自己的鼠标入手，然后考虑鼠标的功能、性能指标和品牌等方面。

- 手感。鼠标的外形决定了其手感，用户在购买时应亲自试用，然后做选择。手感的标准包括鼠标表面的舒适度、按键的位置分布，以及按键与滚轮的弹性、灵敏度和力度等。对于采用人体工学设计的鼠标，还需要测试鼠标的外形是否利于把握。
- 功能。市面上的许多鼠标都提供了比一般鼠标更多的按键，从而帮助用户在手不离开鼠标的情况下处理更多的事情。一般的计算机用户选择普通的鼠标即可；有特殊需求的用户，如游戏玩家，则可以选择按键较多的多功能鼠标。
- 主流品牌。目前市面上主流的鼠标品牌有双飞燕、雷柏、海盗船、达尔优、富勒、新贵、雷蛇、罗技、樱桃、狼蛛、明基和华硕等。

知识提示　　　　　　　　　　　　**键鼠套装**

市面上的键盘和鼠标套装一般性价比较高，一般只需要一个无线信号收发器就能同时使用键盘和鼠标，非常适合家庭和办公用户使用。

任务十　选配其他硬件

米拉从公司各部门收集到的选配计算机硬件的信息还包括公关部需要一台具备打印和扫描功能的多功能一体机及投影机，技术部需要配备多台无线路由器，每台新的计算机还需要配备一个耳机和一个数码摄像头等。另外，为了保存和转存数据，这次计算机硬件升级工作还需要采购一批U盘和移动硬盘。

一、任务目标

本任务将介绍计算机组装过程中和日常办公应用中常用的计算机硬件，包括多功能一体机、投影机、无线路由器、音箱、耳机、摄像头、U盘和移动硬盘等。通过本任务的学习可以全面了解这些硬件，并学会如何选配这些硬件。

二、相关知识

多功能一体机、投影机、无线路由器、音箱、耳机、摄像头、U盘和移动硬盘等硬件设备对计算机的正常工作能够起到一定的辅助作用，所以，在组装计算机的过程中，用户可以按照具体的工作需要，选配对应的硬件设备。

（一）选配多功能一体机

在人们的生活、工作及学习中，对打印、复印、扫描和传真的使用需求较多，但单独购买这4种设备的成本较高，于是集成多种功能的一体机就产生了。通常具有以上功能中的两种的硬件设备就可称为多功能一体机。选配多功能一体机时需要了解多功能一体机的类型、基本性能指标，打印、复印、扫描等具体功能的性能指标和介质规格，以及一些选配的注意事项等。

扫一扫

高清大图

1. 类型

打印是多功能一体机的基础功能，因为复印功能和接收传真功能的实现都需要打印功能的支持，所以多功能一体机的类型通常按照打印方式划分，有喷墨、墨仓式、激光和页宽4种。

- 喷墨。喷墨多功能一体机（见图2-81）通过喷墨头喷出的墨水实现打印，其打印质量可达到铅字质量。喷墨多功能一体机使用的耗材是墨盒，墨盒内装有不同颜色的墨水。其主要优点是体积小、操作简单方便、打印噪声低，使用专用纸张时，能打印出效果和冲洗照片相媲美的图片。

- 墨仓式。墨仓式多功能一体机（见图2-82）是指支持超大容量墨仓，可实现单套耗材超高打印量和超低打印成本的多功能一体机。与喷墨打印最大的不同在于，墨仓式支持大容量墨盒（也称为外墨盒或墨水仓，是原厂生产装配的连续供墨系统），用户可享受包括打印头在内的原厂整机保修服务，从而可解决多功能一体机打印成本居高不下的问题。

- 激光。激光多功能一体机（见图2-83）利用激光束进行打印活动，其原理是一个半导体滚筒在感光后刷上墨粉再在纸上滚一遍，通过高温定型将文本或图形印在纸张上，其使用的耗材是硒鼓和墨粉。激光多功能一体机分为黑白激光多功能一体机和彩色激光多功能一体机，其中，黑白激光多功能一体机只能打印黑白文本或图像，而彩色激光多功能一体机可以打印黑白或彩色的文本或图像。黑白激光多功能一体机具有高效、实用、经济等诸多优点，而彩色激光多功能一体机虽然使用成本较高，但工作效率高，输出效果也更好。

- 页宽。页宽多功能一体机（见图2-84）是指具备页宽打印技术的一体机。页宽打印技术是集喷墨技术和激光技术的优势为一体的全新一代技术。页宽多功能一体机的列印面更宽阔，可以节省墨头来回打印的时间，配合高速传输的纸张，具有比激光打印更快的输出速度，理论上能降低单位时间内的打印成本，有成为主流一体机类型的趋势。

图2-81　喷墨多功能一体机

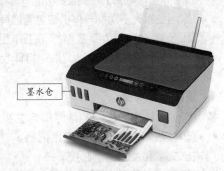

墨水仓

图2-82　墨仓式多功能一体机

图2-83　激光多功能一体机

图2-84　页宽多功能一体机

2.　基本性能指标

多功能一体机的基本性能指标包括以下4个方面。

- 产品定位。产品定位主要有多功能商用一体机和多功能家用一体机两种。
- 涵盖功能。目前市面上主要有两种多功能一体机，一种涵盖打印、扫描和复印功能，另一种涵盖打印、复印、扫描和传真功能。
- 最大处理幅面。幅面是指纸张的大小，目前主要包括A4和A3两种。对个人、家庭用户或规模较小的办公用户来说，使用A4幅面的多功能一体机就绰绰有余了；对使用频繁或需要处理大幅面的办公用户来说，可以考虑选择A3幅面甚至更大幅面的多功能一体机。
- 耗材类型。目前市面上的多功能一体机主要有4种耗材，一是鼓粉分离，即硒鼓和墨粉盒是分开的，当墨粉用完而硒鼓有剩余时，只需更换墨粉盒就行，从而节省费用；二是鼓粉一体，即硒鼓和墨粉盒为一体设计，其优点是更换方便，但墨粉用完时，需要整套更换；三是分体式墨盒，即喷头和墨盒分开，一般不允许用户随意添加墨水，因此重复利用率不高，但价格较为便宜；四是一体式墨盒，即喷头集成在墨盒上，输出质量较高，但价格也较高。

3.　打印功能指标

打印功能指标是指多功能一体机进行信息打印时的性能指标，主要包括以下4个方面。

- 打印速度。打印速度表示打印机每分钟可输出多少页面，通常用ppm和ipm这两个单位来衡量。打印速度越大越好，越大表示多功能一体机的工作效率越高。打印速度又可分为黑白打印速度和彩色打印速度，但彩色打印速度通常要慢一些。

- 打印分辨率。打印分辨率是判断打印效果好坏的一个直接依据，也是衡量打印质量的重要参考标准。通常分辨率越高的多功能一体机打印效果越好。
- 预热时间。预热时间是指多功能一体机从接通电源到加热至正常运行温度所消耗的时间。通常家用型激光多功能一体机或者普通商用激光多功能一体机的预热时间在30秒左右。
- 打印负荷。打印负荷是指打印工作量，这一指标决定了多功能一体机的可靠性，打印负荷通常以月为衡量单位。规定打印负荷高的多功能一体机比规定打印负荷低的多功能一体机的可靠性一般要高许多。

4．复印功能指标

多功能一体机复印功能的性能指标主要包括以下4个方面。

- 复印分辨率。复印分辨率是指每英寸复印对象由多少个点组成，该指标直接关系到复印输出文字和图像的清晰度。
- 连续复印。连续复印是指在不对同一复印原稿进行多次设置的情况下，多功能一体机可以一次连续完成的复印最大数量。连续复印的标识方法为"1–X张"，其中，"X"代表该一体机连续复印的最大数量，连续复印的张数和产品的性能有直接关系。
- 复印速度。复印速度是指多功能一体机在进行复印时每分钟能够复印的张数，单位是张每分。多功能一体机的复印速度通常和打印速度一样，一般不超过打印速度。
- 缩放范围。缩放范围是指多功能一体机能够对复印原稿进行放大和缩小的比例范围，用百分比表示。目前市场上主流的多功能一体机常见缩放范围有25%～200%、50%～200%、25%～400%和50%～400%等。

5．扫描功能指标

扫描功能指标是指多功能一体机进行信息扫描时的性能指标，主要包括以下5个方面。

- 扫描类型。按扫描介质和用途的不同，可以将扫描类型分为平板式、书刊、胶片、馈纸式和3D等。多功能一体机以平板式为主。
- 扫描元件。扫描元件的作用是将扫描的图像光学信号转变成电信号，再由模数转换器（Analog-to-Digital Converter，ADC）将这些电信号转变成计算机能够识别的数字信号。目前多功能一体机采用的扫描元件有电荷耦合元件（Charge Coupled Device，CCD）和接触式图像传感器（Contact Image Sensor，CIS）两种，其生产成本相对较低，扫描速度相对较快，扫描效果能满足大部分的工作需要。
- 光学分辨率。光学分辨率是指多功能一体机在实现扫描功能时，通过扫描元件将扫描对象每英寸表示成的点数，其单位为dpi，dpi数值越大，扫描的分辨率越高，扫描的图像品质就越好。光学分辨率通常用垂直分辨率和水平分辨率相乘来表示，如某款产品的光学分辨率标识为600dpi×1200dpi，即表示可以将扫描对象每平方英寸的内容表示成水平方向600点、垂直方向1200点，两者相乘共720 000个点。
- 色彩深度和灰度值。色彩深度是指多功能一体机所能辨析的色彩范围。较高的色彩深度位数可以保证扫描保存的图像色彩与实物的真实色彩尽可能一致。灰度值是进行灰度扫描时，对图像由纯黑到纯白整个色彩区域进行划分的级数，编辑图像时一般都使用8bit，即256级，而主流多功能一体机通常为10bit，最高可达12bit。
- 扫描兼容性。扫描兼容性是指扫描类产品共同遵循的规格，是应用程序与影像捕捉设备间的标准接口。目前的扫描类产品要求都能够支持TWAIN（Technology Without An Interesting Name）的驱动程序，只有符合TWAIN要求的产品才能够在各种应用程序中正常使用。

6. 介质规格

多功能一体机的主要介质是纸，因此纸的各种规格就成了一体机的性能指标。

- 介质类型。介质类型就是多功能一体机所支持的纸张类型，包括普通纸、薄纸、再生纸、厚纸、标签纸和信封等。
- 介质尺寸。介质尺寸是指多功能一体机最大能够处理的纸张大小，一般多用纸张的规格来标识，如A3、A4等。
- 介质质量。介质质量是指纸的质量，通常以g/m^2为单位。
- 供纸盒容量。纸盒是指多功能一体机中用来装打印纸的部件，能够存放纸张，并在多功能一体机工作时自动进纸进行打印。供纸盒容量是指供纸盒能够装的纸张数量，该指标是多功能一体机纸张处理能力大小的评价标准之一，并且可间接衡量多功能一体机自动化程度的高低。
- 输出容量。输出容量是指多功能一体机输出的纸张数量，使用纸张的不同，输出容量也不同。

7. 选配的注意事项

选配多功能一体机时，应该注意以下4个事项。

- 明确使用目的。在购买多功能一体机之前，用户首先要明确购买多功能一体机的目的，也就是明确需要多功能一体机具备哪些功能。例如，办公商用的多功能一体机除了要具备文本打印功能外，还要具备文件复印和收发传真功能。
- 综合考虑用途。每一款多功能一体机都有其功能定位，如某些文本打印功能更佳，某些则偏重于复印文件。在购买时，需先综合考虑一体机的用途，然后再选择。
- 售后服务。售后服务是用户挑选多功能一体机时必须关注的内容之一。一般而言，多功能一体机销售商会承诺一年的免费维修服务，但多功能一体机体积较大，因此，最好要求生产厂商在全国范围内提供免费上门维修服务，若厂商没有办法或者无力提供上门服务，那么维修可能会很麻烦。
- 主流品牌。目前主流的多功能一体机品牌有惠普、佳能、兄弟、爱普生、三星、富士施乐、理光、联想、奔图、京瓷、利盟、方正和新都等。

（二）选配投影机

投影机是一种可以将图像或视频投射到幕布上的设备，它可以通过不同的接口同计算机相连接，并输出相应的视频信号，在现代商务办公中较为常用。用户选配投影机时，需要了解投影机的常用技术和类型，并掌握其主要性能指标。

1. 投影技术

投影技术是指投影机所采用的投影技术，目前市面上主流的投影技术分为以下三大系列。

- DLP。DLP是指反射式投影技术，是现在高速发展的投影技术，可以使投影图像灰度等级、图像信号噪声比大幅度提高，画面质量细腻稳定，尤其在播放动态视频时可以使图像流畅，没有像素结构感，形象自然，数字图像还原真实精确。在投影机市场上，单片式DLP投影机凭借性价比高的优势占领了大部分低端市场，而在高端市场中，3DLP技术掌握着绝对的话语权。目前日益流行的LED微型投影机也大多采用DLP技术。
- LCD。LCD是指透射式投影技术，是目前最为成熟的技术。其优点是投影画面色彩还原度高、真实鲜艳，色彩饱和度高，光利用效率高。LCD投影机比用相同功率光源灯的DLP投影机有更高的美国国家标准学会（American National Standards Institute，ANSI）流明光输出，目前市场上高流明的投影机以LCD投影机为主。LCD投影机按照液晶板的片数可分为3LCD和LCD两种类型，目前市面上较多的是3LCD投影机产品。

- LCOS。LCOS是一种全新的数码成像技术，它采用互补金属氧化物半导体（Complementary Metal Oxide Semiconductor，CMOS）集成电路芯片作为反射式LCD的基片，能够实现更大的光输出和更高的分辨率。LCOS投影技术为反射式技术，可产生较高的亮度。LCOS光学引擎因为产品零件简单，所以具有低成本的优势。

2. 光源类型

投影机光源是投影机的重要组成部分，主要是指投影灯泡。作为投影机的主要消耗品，投影机灯泡的使用寿命是选购投影机时必须考虑的重要因素。

- 超高压汞灯。超高压汞灯的优点为发光亮度强，使用寿命长，所以目前市面上的LCD投影机大多采用超高压汞灯。
- 金属卤素灯。金属卤素灯的优点为色温高、使用寿命长与发光效率高，缺点是功率大和能耗高。目前金属卤素灯的点灯方式分为交流、直流和高频3种。
- 氙灯。氙灯是一种演色性相当好的光源，在使用寿命上，氙灯比超高压汞灯和金属卤素灯短，不过其超高亮度与宽广的输出功率范围可以使其应用在高端或大型的投影机上。
- LED。LED光源投影机更加便携，同时LED光源的寿命较长，一般在上万小时左右。目前市场上以几百流明高清LED投影机为主，可为小型商务、个人娱乐带来很大的便利。
- 激光。激光光源具有波长可选择性大和光谱亮度高等特点，能实现非常好的色彩还原。同时，激光光源还有超高的亮度和较长的使用寿命，可以大大降低后期的维护成本。由于技术和成本问题，目前市面上主要使用的是单蓝色激光光源（RGB三色激光造价过高，仅在专业领域有所使用），同时由于定价过高，其普及程度并不理想。

3. 主要性能指标

投影机的主要性能指标包括以下7个方面。

- 亮度。亮度是投影机的重要性能指标，通常以光通量来表示，单位是流明（lm）。LCD投影机依靠提高光源效率、减少光学组件能量损耗、提高液晶面板开口率和加装微透镜等技术手段来提高亮度；DLP投影机通过改进色轮技术、改变微镜倾角和减少光路损耗等技术手段来提高亮度。目前大多数投影机的亮度已经达到了2000lm以上。

多学一招　　　　　　　　**影响投影机亮度的因素**

　　使用环境的光线条件、屏幕类型等因素同样会影响投影机的亮度，同样的亮度，在不同环境的光线条件下和不同的屏幕类型上也会产生不同的显示效果。由于投影机的亮度在很大程度上取决于投影机中的灯泡，而灯泡的亮度输出会随着使用时间的增加而衰减，因此这必然会造成投影机的亮度下降。

- 对比度。对比度对视觉效果的影响非常大，通常对比度越高，图像越清晰、醒目，色彩也越鲜明艳丽；对比度低则会让整个画面灰蒙蒙的。高对比度对图像清晰度、细节表现和灰度层次表现等都有很大帮助。目前大多数LCD投影机的对比度都在400：1左右，而大多数DLP投影机的对比度都在1500：1以上，通常对比度越高的投影机价格越高。如果仅仅用投影机演示文字和黑白图片，那么对比度在400：1左右的投影机就可以满足日常需要；如果用来演示色彩丰富的照片和播放视频动画，那么最好选择对比度在1000：1以上的投影机。
- 标准分辨率。标准分辨率是指投影机投出的图像的原始分辨率，也称为真实分辨率和物理分辨率。与其对应的是压缩分辨率，决定图像清晰程度的是标准分辨率，决定投影

机适用范围的是压缩分辨率。通常用标准分辨率来评价LCD投影机的档次，目前市场上应用最多的为标清（800像素×600像素、1024像素×768像素）、高清（1920像素×1080像素、1280像素×800像素、1280像素×720像素）和超高清（4096像素×2160像素、1920像素×1200像素）3种。

- 灯泡寿命。灯泡是投影机的唯一消耗材料，在使用一段时间后，灯泡亮度会迅速下降，直到无法正常使用。一般的投影机灯泡寿命在2000~4000小时，LCD投影机的灯泡寿命在2万小时以上。

- 变焦比。变焦比是指变焦镜头的最短焦点和最长焦点之比，通常变焦比越大，投影出的画面就越大。

- 投影比。投影比主要是指投影机到屏幕的距离与投影画面大小的比值，通过投影比，用户可以直接换算出某一投影尺寸下的投影距离。例如，投影比为1.2，投射100英寸（254cm）画面时的距离是(100×1.2×2.54)cm。通常情况下，投影比越小，投影距离越短。

- 投影距离。投影距离是指投影机镜头与屏幕之间的距离。在实际应用中，若要在狭小的空间中获取大画面，就需要选用配有广角镜头的投影机，从而在较短的投影距离内获得较大的投影画面尺寸。普通的投影机为标准镜头，适合大多数用户使用。

（三）选配无线路由器

路由器是连接互联网中各局域网和广域网的设备，在企事业单位和家庭中被广泛应用，以无线路由器为主，这几乎已经成为计算机的标配硬件。用户在选配无线路由器时，需要了解其外观结构，并掌握主要的性能指标。

1. 外观结构

路由器的主要工作就是为经过路由器的每个数据帧寻找一条最佳的传输路径，并将该数据有效地传送到目的站点。通俗地讲，就是路由器通过自身将连接到网络的调制解调器和计算机连接起来，以实现计算机联网的目的。无线路由器最重要的部分就是接口和天线，如图2-85所示。

扫一扫

高清大图

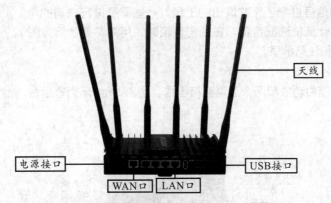

图2-85 无线路由器的接口和天线

- WAN口。WAN（Wide Area Network）代表广域网，WAN口主要用于连接外部网络，如光纤、以太网等各种接入线路。

- LAN口。LAN（Local Area Network）代表局域网，LAN口主要用于连接内部网络，与局域网中的交换机、集线器和计算机相连。

目前使用较多的是宽带无线路由器，它在一个紧凑的箱子中集成了路由器、防火墙、带宽控制和管理等功能，集成以太网WAN接口，并内置多口自适应交换机，方便多台计算机连接内部网络与互联网，可广泛应用于家庭、学校、办公室、小区、政府和企业等场所。现在多数无线路由器都具备有线接口和无线天线，用户可以通过路由器建立无线网络，帮助手机和平板等设备连接到互联网。

2. 主要性能指标

无线路由器的性能主要体现在以下8个方面。

- 品质。在衡量一款无线路由器的品质时，可以先考虑品牌。主流品牌产品一般拥有更高的品质，以及完善的售后服务和技术支持，还可进行相关认证和监管机构的测试等。
- 接口数量。LAN口数量只要能够满足需求即可，家用计算机的数量不会太多，因此，一般可选择4个LAN口的路由器，且家庭宽带用户和小型企业用户一般只需要一个WAN口。
- 传输速度。信息的传输速度往往是用户最为关心的问题。目前主流无线路由器以百兆和千兆为主，也有万兆的。为了以后升级方便，用户应尽量选购千兆或万兆的产品。
- 网络标准。用户在选购无线路由器时，尽量选择支持主流WLAN(Wireless LAN，无线局域网）标准的产品，例如，目前主流的IEEE802.11ax/ac。
- 频率范围。无线路由器的射频（Radio Frequency，RF）系统需要工作在一定的频率范围之内，这样才能与其他设备相互通信。不同的产品由于采用不同的网络标准，故采用的工作频率范围也不太一样。目前的无线路由器产品主要有单频、双频和三频3种。
- 天线类型。无线路由器的天线类型主要有内置和外置两种，通常外置天线性能更好。
- 天线数量。从理论上来说，天线数量越多，无线路由器的信号就越好。但事实上，多天线无线路由器的信号通常只比单天线无线路由器的信号强10%～15%。
- 功能参数。功能参数是指无线路由器所支持的各种功能，功能越多，路由器的性能通常就越强。常见的功能参数有VPN（虚拟专用网络）支持、QoS（用来解决网络延迟和阻塞等问题的一种技术）支持、防火墙功能、WPS（Wi-Fi安全防护设定标准）功能、WDS（延伸扩展无线信号）功能和无线安全。

（四）选配音箱

音箱是将音频信号进行还原并输出的工具，一些需要进行广播的企业或单位就可以为计算机选配音箱。在选配音箱时，用户需要了解音箱的外观、性能指标和注意事项。

扫一扫

高清大图

1. 外观

常见的普通音箱由功放和两个卫星音箱组成。图2-86所示为普通音箱的外观。

功放

卫星音箱

卫星音箱

图2-86　普通音箱的外观

- 功放。功放就是功率放大器，其功能是将低电压的音频信号经过放大后推动音箱喇叭工作。由于计算机音箱的特殊性，通常会将各种接口和按钮集成在功放上。
- 卫星音箱。卫星音箱的功能是将电信号通过机械运动转化成声能，通常有两个，可以分别输出左、右声道的信号。

2. 性能指标

音箱的性能指标包括以下8个方面。

- 声道系统。音箱支持的声道数是衡量音箱性能的重要指标之一，主要有单声道、2.0声道、2.1声道和5.1声道这4种类型。
- 有源无源。有源音箱又称为主动式音箱，通常是指带有功放的音箱。无源音箱又称为被动式音箱，是指内部不带功放电路的普通音箱。由于有源音箱带有功率放大器，所以其音质通常比同价位的无源音箱好。
- 控制方式。控制方式是指音箱的控制和调节方法，它关系到用户的使用体验。控制方式主要有3种类型，第一种是最常见的，分为旋钮式和按键式，也是造价最低的；第二种是信号线控制设备，可将音量控制和开关放在音箱信号输入线上，成本不会增加很多，但操控却很方便；第三种也是最优秀的控制方式，其原理是使用一个专用的数字控制电路来控制音箱的工作，并使用一个外置的独立线控或遥控器来操作。
- 频响范围。频响范围是考察音箱性能优劣的一个重要指标，它与音箱的性能和价位有直接的关系，其频率响应的分贝值越小，说明音箱的频响曲线越平坦、失真越小、性能越强。从理论上讲，20～20 000Hz的频响范围就足够用户使用了。
- 扬声器材质。低档塑料音箱因其箱体单薄、难以克服谐振，所以基本"无音质可言"（也有部分设计较好的塑料音箱的音质要好于劣质的木制音箱）；而木制音箱降低了箱体谐振所造成的音染，音质普遍好于塑料音箱。
- 扬声器尺寸。扬声器尺寸越大越好，因为大口径的低音扬声器能在低频部分有更好的表现。普通多媒体音箱低音扬声器的喇叭多为3～5英寸。
- 信噪比。信噪比是指音箱回放的正常声音信号与无信号时噪声信号（功率）的比值，单位为dB。信噪比数值越高，噪声越小。
- 阻抗。阻抗是指扬声器输入信号的电压与电流的比值。高于16Ω的是高阻抗，低于8Ω的是低阻抗，音箱的标准阻抗是8Ω，所以建议不要购买低阻抗的音箱。

3. 选购注意事项

选购音箱除了要考虑其性能指标外，还需要注意以下4个事项。

- 重量。选购音箱时，首先得看它的重量，质量好的音箱产品往往比较重（这说明它的板材、扬声器都是好材料）。
- 功放。功放也是音箱中比较重要的组件，它通常会自带各种接口，特别是网络接口或USB接口，具备这些接口才能直接播放来自网络或外部设备的音频。
- 防磁。音箱是否防磁也很重要，尤其是卫星音箱必须防磁，否则会导致显示器有花屏的现象。
- 品牌。主流的音箱品牌有惠威、漫步者、飞利浦、麦博、DOSS、奋达、JBL、金河田、BOSE、索尼、慧海、三诺、联想、华为、哈曼卡顿、山水和Beats等。

（五）选配耳机

耳机与音箱虽然都是音频输出工具，但耳机可以在不影响旁人的情况下，让使用者独自听到声音，还可隔开周围环境的声响，适用于录音室、旅途、健身房等应用场景。在选配耳机时，需要了解耳机的类型、性能指标和注意事项。

1．类型

按照佩戴方式的不同，可以将耳机分为以下5种类型。

- 头戴式。这种耳机是戴在头上的，并非插入耳道内。其特点是声场好，舒适度高；不入耳，可避免擦伤耳道。头戴式耳机如图2-87所示。
- 耳塞式。这种耳机在使用时会密封住使用者的耳道。其特点是发声单元小，声音听起来较清晰、低音强，如图2-88所示。
- 入耳式。这种耳机在普通耳机的基础上，以胶质塞头插入耳道内，可以获得更好的密闭性。其特点是在嘈杂的环境下，用户可以用比较低的音量不受影响地欣赏音乐，从而获得最佳的舒适度并体验完美的隔音效果，如图2-89所示。

扫一扫

高清大图

图2-87 头戴式耳机　　　图2-88 耳塞式耳机　　　图2-89 入耳式耳机

- 耳挂式。这是一种在耳机侧边添加辅助悬挂以方便使用的耳机，如图2-90所示。
- 后挂式。这种耳机比较便携，适合运动中使用，但其重量和压力都集中到了耳朵上，所以个别后挂式耳机不适宜长时间佩戴，如图2-91所示。

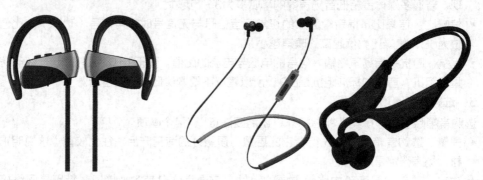

图2-90 耳挂式耳机　　　　　　　图2-91 后挂式耳机

知识提示

骨传导耳机

骨传导是一种声音传导方式，即将声音转化为不同频率的机械振动，然后通过人的颅骨、骨迷路、内耳淋巴液、螺旋器、听觉中枢来传递声波。通过骨传导技术制造的耳机称为骨传导耳机。佩戴骨传导耳机不需要堵塞耳朵，解决了普通耳机带来的健康和安全问题，而且收集声音的距离近、损耗低，非常适合在运动和军事领域使用，图2-91 右图就是一款骨传导耳机。

2. 性能指标

耳机的性能指标包括以下4个方面。

- 频响范围。频响范围是指耳机发出声音的频率范围，与音箱的频响范围一样，通常看两端的数值就可大约猜测到这款耳机在哪个频段音质较好。
- 阻抗。耳机的阻抗是交流阻抗，阻抗越小，耳机越容易出声、越容易驱动。和音箱不同，耳机和专业耳机的阻抗一般都在100Ω以下，而有些专业耳机的阻抗在200Ω以上。
- 灵敏度。灵敏度是指耳机的灵敏度级，单位是dB/mW。灵敏度高意味着达到一定声压级所需的功率小，目前动圈式耳机的灵敏度一般都在90dB/mW以上，如果用户是为随身听选耳机，则灵敏度最好在100dB/mW左右或更高。
- 信噪比。信噪比数值越高，耳机中的噪声越小。

3. 选购注意事项

选购耳机时，除了要考虑其性能指标外，还需要注意以下两个事项。

- 佩戴的舒适度。舒适度影响用户的实际体验，即使音色再怎么好，如果现场试听几分钟后，发现衬垫不透气，换耳塞后尺寸又不符合耳道，那么也说明这款耳机不适合自己，需要更换。
- 品牌。主流的耳机品牌有硕美科、魔磁、漫步者、1MORE、飞利浦、森海塞尔、拜亚、铁三角、索尼、AKG、Beats、小米、创新、捷波朗、魅族、雷柏、JBL、华为、BOSE、松下、雷蛇、罗技、JVC、先锋和得胜等。

（六）选配摄像头

摄像头是计算机的视频输入设备，广泛应用于视频会议、远程医疗和实时监控等领域，普通用户可以通过摄像头在线上进行有影像的交谈和沟通。选配摄像头时，需要注意其主要的性能指标和主流品牌等。

- 感光元件。感光元件分为CCD和CMOS两种。其中，CCD成像水平和质量要远高于CMOS，但价格较高，常见的摄像头多用价格相对低廉的CMOS作为感光元件。
- 像素数。像素数是区分摄像头好坏的重要因素，市面上主流的摄像头产品多在100万像素以上，在大像素的支持下，摄像头工作时的分辨率可达1280像素×720像素及以上。
- 镜头。摄像头的镜头一般由玻璃镜片或塑料镜片组成，玻璃镜片比塑料镜片成本高，但在透光性及成像质量上都有较大优势。
- 最大帧数。帧数就是在1秒时间里传输图片的张数，通常用f/s（Frames Per Second）表示。帧数越高，显示的动作越流畅。主流摄像头的最大帧数为30f/s及以上。
- 对焦方式。对焦方式主要有固定、手动和自动3种。其中，手动对焦通常需要用户对摄像头的对焦距离进行手动选择；自动对焦则是由摄像头对拍摄物体进行检测，确定物体的位置并驱动镜头的镜片进行对焦。
- 视场。视场是指摄像头能够观测到的最大范围，视场越大，观测范围越大。
- 其他参数。由于摄像头的用处非常广泛，所以一些实用的功能也可以作为选购时的参考因素，如夜视功能、遥控功能、快拍功能和防盗功能等。
- 主流品牌。主流的摄像头品牌有罗技、蓝色妖姬、微软、中兴、双飞燕、谷客、奥速、联想、奥尼、炫光、Wulian、极速和天敏等。

（七）选配 U 盘和移动硬盘

U盘和移动硬盘都是计算机的移动存储设备，在商务办公和家庭数据保存中都很常用。在选配U盘和移动硬盘时，需要了解这两个硬件设备的主要性能指标和主流品牌。

1. U盘

U盘的全称是USB闪存盘，它是一种使用USB接口的、无须物理驱动器的微型高容量移动存储设备，通过USB接口与计算机相连，即插即用。U盘具有以下性能指标。

- 接口类型。U盘的接口类型主要包括USB 2.0/3.0/3.1、Type-C和Lightning等。
- 小巧便携。U盘体积很小，重量极轻，一般在15g左右，特别适合随身携带，既可以把它挂在胸前、吊在钥匙串上，又可以放进钱包里。
- 存储容量大。一般的U盘容量有4GB、8GB、16GB、32GB和64GB，除此之外还有128GB、256GB、512GB、1TB等。
- 防震。U盘中无任何机械式装置，抗震性能极强。
- 其他。U盘具有防潮防磁、耐高低温等特性，安全可靠性较好。
- 主流品牌。主流的U盘品牌有闪迪、PNY、威刚、台电、爱国者、金士顿、联想和朗科等。

2. 移动硬盘

移动硬盘是以硬盘为存储介质，与计算机之间交换大容量数据，强调便携性的存储产品。移动硬盘的主要性能指标和普通硬盘相差不大，只是在容量上更胜一筹。

- 容量大。目前市场上的移动硬盘能提供高达12TB的容量。而一般的移动硬盘容量通常有500GB及以下、1TB、2TB、3TB、4TB和5TB及以上等，其中TB级容量已经成为市场主流。
- 体积小。移动硬盘的尺寸分为1.8英寸（约5cm，超便携式）、2.5英寸（约6cm，便携式）和3.5英寸（约9cm，桌面式）3种。
- 接口丰富。目前市面上的移动硬盘分为无线和有线两种，其中，有线移动硬盘采用USB 2.0/3.0、eSATA和Thunderbolt等接口。
- 良好的可靠性。移动硬盘多采用硅氧盘片，这是一种比铝、磁更为坚固耐用的盘片材质，并且具有更大的存储量和更好的可靠性。
- 主流品牌。主流的移动硬盘品牌有希捷、西部数据、东芝、朗科、爱国者和纽曼等。

实训： 设计计算机装机方案

一、实训目标

本实训的目标是根据本项目介绍的知识，按照米拉公司各部门对计算机的需求，设计计算机的装机方案。该方案归纳起来主要有两种：一种是商务办公方案，主要用于公司大多数部门的日常办公，硬件应该是目前市场上的主流产品，且外观要简洁时尚；另一种是多媒体编辑方案，主要是针对公司短视频后期处理部门的需求，注重高性能的图形图像处理能力，并要求具有声音输入与输出功能。另外，设计装机方案时，需要同时考虑无线路由器、多功能一体机、音箱、耳机、摄像头、U盘和移动硬盘等设备。

二、专业背景

组装计算机是每一个"计算机高手"都应该拥有的技能，设计一套完美的计算机装机方案是组装计算机的一个重要步骤。设计方案前，可以先参考各大硬件网站DIY论坛中专业人士撰写的组装文章，以及各种计算机硬件的评测和使用文章；然后根据需要找到合适的配置，熟悉各种硬件的相关性能，并通过网络或实体店查看硬件的价格和选配情况（现在国产硬件的性能优良，且价格有优势，可以优先选择）；最后根据需要罗列出最终的产品型号（最好有替代选择，甚至是多个方案，这样才能在组装计算机时有充分的选择空间）。

三、操作思路

完成本实训主要包括根据需求筛选计算机硬件和罗列硬件配置表两大步骤。

（一）商务办公类装机方案

【步骤提示】

（1）选配CPU。现在的商用计算机对性能要求比较高，不但要能够处理一些日常办公文档，还要能够进行程序设计、图形图像处理等工作，另外，还需要具备一定的多媒体和娱乐功能。因此，以Intel CORE i3和AMD Ryzen 3为代表，这里选定Intel CORE i3 12100 CPU，它具备4核心8线程，以及12MB三级缓存，不但能完成基本办公，还搭配了UHD Graphics 730显卡，可以胜任简单的图形图像处理工作。

（2）选配CPU对应的主板。Intel CORE i3 12100 CPU的插槽类型为LGA 1700，所以，选配的主板应该支持该插槽。这里选择华硕PRIME H610M-K D4主板，该主板做工优秀、接口齐全，不但支持Windows 11操作系统，大部分国产操作系统也都能正常安装；而且集成了Wi-Fi 6无线网卡，可以直接使用办公无线网络，减少了计算机的线缆，美化了办公环境。

（3）选配内存和硬盘。这些硬件就选择市面上的主流产品即可。

（4）选配机箱和显示器。机箱可以选配钢化玻璃侧透机箱，美观大方且散热性好。显示器办公用多为23~27英寸，因此可以选配一个广角宽屏、外形简洁美观，且具备护眼模式的产品，这样对办公人员的视力有一定的保护作用。

（5）电源、键盘、鼠标、耳机和摄像头这些硬件可以根据具体的需求和预算选配。

（6）选配无线路由器和多功能一体机。无线路由器可选择超千兆的版本，不但无线速率极快，而且具备极强的信息接收和发送能力，一台机器即可覆盖极大范围。至于无线路由器的数量，可以根据办公环境的大小和单台无线路由器的信号覆盖范围来决定。多功能一体机可选择激光无线自动双面机型，以及具备连续复印扫描功能的机型，可以将单页打印成本压缩到几分钱，并能够通过无线网络进行远程控制，非常适合公司办公使用。

（7）罗列主硬件配置表，如表2-2所示。

表2-2　商务办公类装机方案详细配置表

硬件	品牌型号	数量
CPU	第 12 代 Intel CORE i3 12100	1
散热器	CPU 自带	1
主板	华硕 PRIME H610M-K D4	1
内存	金士顿 8GB DDR4 2666	1
固态盘	影驰黑将 Pro M.2（250GB）	1
机械硬盘	西部数据蓝盘 1TB 7200 转 64MB SATA3	1
显卡	Intel UHD Graphics 730（CPU 集成）	1
声卡	Realtek 7.1 声道音效芯片（主板自带）	1

续表

硬件	品牌型号	数量
键盘和鼠标	达尔优 LK185T 有线键鼠套装	1
显示器	HKC V2412	1
机箱	硕一发现者 B701	1
电源	航嘉冷静王钻石 2.31 版	1
摄像头	罗技 C270i	1
耳机	罗技 H111	1
U 盘	金士顿 DTX/32GB	1
无线路由器	TP-LINK AX3000 TL-XDR3010 易展版	6
多功能一体机	惠普 Tank 2606sdw	2

（二）多媒体编辑类装机方案

【步骤提示】

（1）选配CPU。多媒体编辑的计算机最好选配性能先进的CPU。因此，以Intel CORE i7/i9和AMD Ryzen 9为代表，这里选择Intel CORE i7 12700KF，它采用全新12代Alder Lake架构设计，拥有8大核4小核，共计20线程，无论是图形图像设计渲染，还是视频处理，其性能都非常强悍。

（2）选配CPU对应的主板。Intel CORE i7 12700KF的插槽类型为LGA 1700，所以选配的主板应该支持该插槽。这里选择华硕ROG STRIX Z690-A GAMING WIFI主板，该主板做工扎实、供电强悍，功能非常丰富，不仅支持诸如RGB灯效、AI智能优化、多M.2接口、Wi-Fi 6网络等功能，白色外观还可以搭配白色机箱。

（3）选配显卡和内存。显卡的性能会影响视频编辑的流畅性，所以需要选择性能更强大的RTX 3090Ti独立显卡，这种显卡的图形图像和视频处理性能也是这个级别中较好的一款，且价格非常合理。进行视频处理的计算机对内存容量的要求较高，所以可以尽量提升内存容量，例如，组建4通道的128GB容量内存。

（4）选配机箱和显示器。机箱可以选配钢化玻璃侧透机箱，因为其美观大方，且散热性好。显示器可以选配一款专业的图形设计显示器，最好在27英寸以上，广角宽屏，外形简洁美观，且具备护眼模式。

（5）选配散热器和音箱。由于CPU的发热量较大，所以最好选配一款散热能力强的散热器，可以是带水泵的散热器或水冷散热器。由于是进行视频处理，所以需要配置一款音箱，要求外形比较大气稳重而又不失时尚，具备一个全金属独立功放和全功能的遥控，且声音输出应该清晰明快，能让大部分人满意。

（6）其他硬件可以根据需求和预算选配市面上的主流产品。

（7）罗列主硬件配置表，如表2-3所示。

表 2-3　多媒体编辑类装机方案详细配置表

硬件	品牌型号	数量
CPU	第 12 代 Intel CORE i7 12700KF	1
散热器	九州风神 冰堡垒 360	1
主板	华硕 ROG STRIX Z690-A GAMING WIFI	1

续表

硬件	品牌型号	数量
内存	金士顿 FURY Beast DDR4 3200 32GB	4
固态盘	宏碁掠夺者 GM7000（1TB）	1
机械硬盘	西部数据紫盘 4TB 64MB SATA3	1
显卡	华硕 ASUS TUF GeForce RTX3090Ti-24G-GAMING	1
声卡	Realtek ALC4082 7.1 声道音效芯片（主板自带）	1
键盘和鼠标	罗技 MK470 无线键鼠套装	1
显示器	AOC U2790PQU	1
机箱	九州风神 幻影 560 白	1
电源	华硕 ROG STRIX 雷鹰 1000W	1
摄像头	罗技 C270i	1
音箱	漫步者 C2	1
移动硬盘	西部数据 Elements Portable 元素版（1TB）	1

课后练习

本项目主要介绍了CPU、主板、内存、硬盘、显卡、显示器、机箱、电源、鼠标、键盘、多功能一体机、投影机、无线路由器、音箱、耳机、摄像头、U盘和移动硬盘等硬件的选配知识。读者应认真学习和掌握本项目的内容，为组装计算机打下良好的基础。

（1）根据本项目介绍的知识，为某小型企业设计一个日常办公用的计算机配置方案，其中，主机只配置一个固态盘即可，另外，还要有一台千兆无线路由器和一个耳机，要求所有硬件总价控制在4000元左右。

（2）上网登录中关村在线的模拟攒机频道，查看最新的硬件信息，并根据网上最新的装机方案为学校机房设计两个装机方案，一个为普通方案，基本能够满足用户的日常使用；另一个为图形图像方案，能够运行常用的图形图像软件，并能进行简单的视频处理。

技能提升

（一）网上选配硬件的注意事项

在网上购买硬件时，要注意以下5点。

- 型号不完整。某些商家会在配置单上把很多复杂的配置名称简写，简写的程度也各不相同。当用户根据简写的配置搜索产品时，就会主观补全配置名称，从而无法购买到心仪的产品。

- 配置不正常。计算机中的机箱电源、散热器等部件的质量容易被忽视，如一定要给i3CPU装上水冷散热器，并将其称为水冷主机，但其实它只是好看而已;而在电源方面，使用一些与标准配置不同的产品常常会给计算机带来很多潜在质量隐患，因此需要特别注意。

- 二手当全新。在主板和显卡领域，网上经常会销售一些已经停产的硬件产品，虽然价格很有优势，但通常是使用后翻新的硬件，质量与全新产品还是有一定差距。

- 便宜莫贪。通常硬件的价格都很透明，但大家通常把注意力集中到某几样价格比较低的硬件上，而忽视了其他价格较高的硬件，从而导致整机价格较高。
- 尽量找代理。如果想要购买七彩虹的硬件，那么尽量找代理这个品牌的专卖店或柜台，否则商家通常会推荐一些自己代理的品牌。另外，如果用户坚持购买七彩虹的产品，那么商家只能从七彩虹的品牌代理商调货，从而增加硬件组装的时间成本和价格成本。

（二）网上模拟选配计算机硬件

现在有很多专业的计算机硬件网站可以模拟选择计算机硬件，如中关村在线、泡泡网等，还有一些购物网站也提供了模拟配置计算机的服务，如京东商城。以中关村在线为例，模拟选配一台计算机的操作步骤如下。

（1）打开中关村在线网站，进入模拟攒机页面。

（2）选择硬件类型，单击对应的按钮，然后选择自己所在的城市，根据自己的需要规定硬件的范围，如品牌、价格区间、系列和产品规格等。

（3）在"结果排序"下拉列表框中选择"最热门"选项，然后选择需要添加到配置单中的硬件，并单击"加入配置单"按钮。单击产品对应的名称，可以查看该硬件的所有信息，包括参数、价格等。

（4）单击其他的硬件类型名称，选择对应的产品，完成后即可在页面右侧生成配置单。

项目三
组装计算机

03

情景导入

米拉设计的硬件选配方案获得了技术部所有人的认可，并申请了资金，购买了所有的计算机硬件设备。接下来，米拉在老洪的指导和技术部同事的帮助下，将要开展一项非常重要的工作任务，就是将这些计算机硬件组装成完整的计算机。

学习目标

* 掌握组装计算机的准备操作。

如认识组装计算机的常用工具、熟悉组装计算机的基本流程、了解组装计算机的主要注意事项等。

* 掌握组装计算机的方法。

如安装计算机内部硬件，连接机箱内部的线缆、连接计算机外部设备等。

素质目标

* 培养执着专注、精益求精、一丝不苟的工匠精神。

如精心准备组装计算机的常用工具，清洁和整理工作台，按照基本流程组装计算机且不出现错误等。

* 树立团结协作、合作共赢的团队合作意识。

如在组装过程中团队成员应精诚合作，这样各成员的技能和长处等才能得到充分发挥。

任务一　做好装机前的准备工作

在组装计算机之前，老洪给米拉提了一个建议，让她先做好装机前的准备工作，如准备好装机的工具，整理出装机的工作台，以及将各种硬件分类摆放等。米拉听后，认为装机前进行适当的准备很有必要，充分的准备工作可以确保组装流程顺利进行，并能在一定程度上提高组装的效率与质量。于是米拉接受了老洪的建议，并着手进行装机前的准备工作。

一、任务目标

本任务将为组装计算机做好各项准备工作，首先了解组装计算机前需要进行的准备工作，然后实施具体的准备工作。通过本任务的学习，可以掌握组装计算机的准备工作。

二、相关知识

下面介绍组装计算机的准备工作的主要内容和常用工具。

（一）准备工作的主要内容

组装计算机前的准备工作通常包括以下4个内容。

- 市场调查和硬件采购。根据选配清单，从网络或实体店获取硬件价格，然后根据需要完成硬件采购（这项工作也可以在选配硬件的过程中进行）。
- 准备和整理工作台。准备一个足够大且干净的空间，用于组装计算机的各种硬件。
- 准备装机工具。准备组装计算机过程中需要用到的各种工具。
- 熟悉装机流程。了解并熟悉组装计算机的常规流程，并了解组装计算机过程中的一些注意事项，从而确保顺利完成组装计算机的操作。

（二）组装计算机的常用工具

组装计算机时，需要用到一些工具来完成硬件的安装，如螺丝刀、尖嘴钳、镊子、扎带、导热硅脂和硅脂刮刀等。

- 螺丝刀。螺丝刀是计算机组装与维护过程中使用最频繁的工具，其主要功能是安装或拆卸各计算机部件之间的固定螺丝。由于计算机中的固定螺丝都是十字槽的，因此常用的螺丝刀是十字螺丝刀，如图3-1所示。
- 尖嘴钳。尖嘴钳可用来拆卸一些半固定的计算机部件，如机箱中的主板支撑架和挡板等，或者将捆扎线缆的扎带剪短等，如图3-2所示。

图3-1　十字螺丝刀

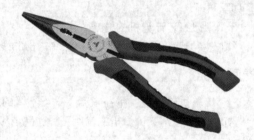

图3-2　尖嘴钳

多学一招

螺丝刀的使用技巧

由于计算机机箱内空间狭小，因此应尽量选用带磁性的螺丝刀，这样可避免螺丝脱落。但螺丝刀的磁性也不宜过大，强度以能吸住螺丝且不脱离为宜。另外，机箱内部需要安装的硬件很多，某些硬件由于安装角度或质量等原因，使用普通螺丝刀安装会比较麻烦，为了提升安装的效率，很多专业计算机组装人员会配备电动螺丝刀，甚至是可变角度的电动螺丝刀。

- 镊子。由于计算机机箱内的空间较小，所以在安装完各种硬件后，一旦需要对其进行调整，或有东西掉入其中，就需要使用镊子进行操作，如图3-3所示。
- 扎带。扎带用于捆扎线缆，以此来整理机箱内部的空间，如图3-4所示。

图3-3 镊子

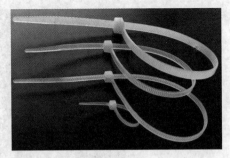
图3-4 扎带

- 导热硅脂。导热硅脂也叫散热膏、导热膏，是一种高导热绝缘有机硅材料，具有高导热率和极佳的导热性，通常涂抹在散热器与计算机硬件接触的位置，以帮助硬件散热。在组装计算机的过程中，安装CPU散热器时，通常需要在CPU和散热器接触面之间涂抹导热硅脂，如图3-5所示。
- 硅脂刮刀。硅脂刮刀用于将涂抹的导热硅脂刮平，以保证硬件能均匀散热，如图3-6所示。

图3-5 导热硅脂

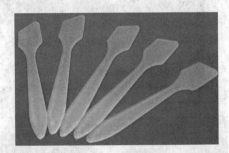
图3-6 硅脂刮刀

三、任务实施

（一）准备工具和工作台

准备工具和工作台的具体操作如下。

（1）准备工具主要是选购螺丝刀和扎带等，通常可以在网上直接购买。螺丝刀最好是带磁性的，通常准备一把就行，也可以选配螺丝刀套装。扎带也不需要买很多，对于一台计算机来说通常10根就足够了。如果选配的机箱具有线槽和卡扣，就不需要购买扎带了。

（2）组装计算机需要有一个干净整洁的工作台和良好的供电系统，并远离强电场和强磁场，且工作台要采光良好、面积足够大，能够在其中完成组装计算机的全部操作。这里直接将一个办公桌清理干净，将其作为工作台，并拉出一个电源插座为组装计算机供电。

（二）准备硬件

准备硬件的具体操作如下。

（1）将所有硬件放置在一起，当同时组装多台同样配置的计算机时，最好将不同计算机的硬件分开放置。图3-7所示为购买的主机中的硬件产品。

图3-7　购买的主机中的硬件产品

（2）将购买的硬件产品分别拆包，并从包装盒中拿出，然后将各种配件，包括线缆、螺
丝等全部分类整理好，如图3-8所示。

图3-8　整理配件

任务二　组装一台计算机

　　在做好一切准备工作后，米拉向老洪请示是否可以开始组装计算机。老洪告诉她，按照组装
的常见流程组装计算机就行了。于是米拉先组装了计算机的主机，也就是安装了机箱中的各种硬
件，然后将主机和显示器、键盘、鼠标连接起来，最后通电开机，完成计算机的组装。

一、任务目标

　　本任务将组装一台计算机，组装时，可以先了解组装计算机的流程和注意事项，然后按照
流程组装计算机。通过本任务的学习，可以掌握计算机的安装操作，并能熟练组装各种类型的
计算机。

二、相关知识

　　下面介绍组装计算机的常见基本流程和组装计算机时的注意事项。

（一）组装计算机的基本流程

虽然组装计算机的流程并不固定，但通常可以按照以下流程来组装计算机。

（1）安装机箱内部的各种硬件，包括以下6项。

- 安装CPU和散热风扇。
- 安装内存。
- 安装主板。
- 安装电源。
- 安装硬盘（固态盘和机械硬盘）。
- 安装其他硬件，如独立的显卡、声卡和网卡等。

（2）连接机箱内的各种线缆，包括以下3项。

- 连接主板电源线。
- 连接内部控制线和信号线。
- 连接硬盘数据线和电源线。

（3）连接主要的外部设备，包括以下3项。

- 连接显示器。
- 连接键盘和鼠标。
- 连接主机电源。

（二）组装计算机的注意事项

组装计算机时，需要注意以下5点。

- 通过洗手或触摸接地金属物体的方式释放身上所带的静电，以防止静电伤害硬件。由于组装过程中手和各部件会不断地摩擦，也会产生静电，因此建议多次释放。
- 各种螺丝不能拧得太紧，所以螺丝拧紧后，应往反方向拧半圈。
- 各种硬件要轻拿轻放，特别是硬盘。
- 插板卡时一定要对准插槽均匀向下用力，并且要插紧；拔板卡时要均匀用力地垂直拔出，既不能左右晃动，又不能盲目用力，以免损坏板卡。
- 安装主板、内存等硬件时应平稳安装，并将其固定牢靠，对主板而言，应尽量安装绝缘垫片。

三、任务实施

了解了组装计算机的基本流程和注意事项后，米拉开始组装计算机。组装计算机的硬件配置表如表3-1所示。

表 3-1　组装计算机的硬件配置表

硬件	品牌型号	数量
CPU	第 11 代 Intle Core i5 11600K	1
散热器	九州风神玄冰 400	1
主板	华硕 TUF GAMING B560M-PLUS 重炮手	1
内存	英睿达铂胜游戏 16GB（2×8GB）DDR4 3200 套装	1
固态盘	西部数据 BLACK SN750（500GB）	1
机械硬盘	西部数据蓝盘 1TB 7200 转 64MB SATA3	1
显卡	Intle UHD Graphics 750（CPU 集成）	1

续表

硬件	品牌型号	数量
电源	长城 HOPE-6000DS 电源	1
键盘和鼠标	普通办公 USB 键鼠套装（白色）	1
显示器	AOC P2491VWHE（白色）	1
机箱	Tt 启航者 F1（白色）	1

（一）安装 CPU

为了保证组装计算机的任务顺利进行，通常可以先将CPU、CPU散热器、M.2接口的固态盘和内存等硬件安装到主板上，然后将主板固定到机箱中。下面将CPU安装到主板上，具体操作如下。

微课视频

安装 CPU

（1）将主板放置在包装盒上（有条件的可以放置在绝缘垫上），推开主板上的CPU插槽固定杆，如图3-9所示。

（2）取下CPU插槽上的CPU插槽防尘盖，如图3-10所示。

图3-9　推开CPU卡槽固定杆

图3-10　取下CPU插槽防尘盖

（3）打开CPU插槽上的CPU固定挡板，将CPU插槽完全裸露出来，如图3-11所示。

（4）将CPU两侧的缺口对准插槽缺口，并将其垂直放入CPU插槽中，如图3-12所示。

图3-11　打开CPU固定挡板

缺口　　　　缺口

图3-12　放入CPU

多学一招　　　　　　　　　　　　　**三角形标记**

CPU 的一角上有一个小的三角形标记，主板的 CPU 插槽上也有一个白色的三角形标记，其作用是防止 CPU 安装错误，如图 3-13 所示。将 CPU 有三角形标记的一角对准主板 CPU 插槽上的三角形标记后放入 CPU，即可成功安装。

（5）使CPU自动滑入插槽内，然后盖好CPU固定挡板并压下固定杆，使CPU固定挡板
和固定杆恢复到最初的状态，完成CPU的安装，如图3-14所示。

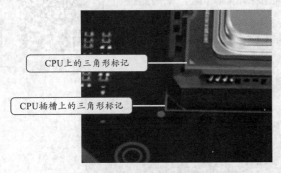

CPU上的三角形标记

CPU插槽上的三角形标记

图3-13　CPU和插槽上的三角形标记

图3-14　固定CPU

（二）安装 CPU 散热器支架

由于CPU散热器通常需要由单独的支架将其固定在主板上，所以接
下来先在主板上安装CPU散热器支架，具体操作如下。

（1）拿出CPU散热器的安装背板（需要查看说明书以分辨背板的
正反面），然后将螺丝固定在4个角中，如图3-15所示。

（2）将主板翻面，在其底部找到安装支架的4个孔，然后将背板上
的4个螺丝放入安装孔中，如图3-16所示。

微课视频

安装 CPU 散热器
支架

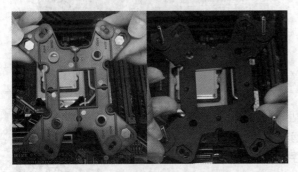

图3-15　在安装背板上固定螺丝

图3-16　安装背板

（3）将主板翻回正面，为4个螺丝安装防震垫片，如图3-17所示。

（4）为4个螺丝安装固定螺母，如图3-18所示，完成CPU散热器固定支架的安装。由于
散热器较大，因此会在安装好M.2接口的固态盘和内存后再进行安装。

图3-17　安装防震垫片

图3-18　安装固定螺母

（三）安装固态盘

下面安装M.2接口的固态盘（如果是其他接口的固态盘，就需要在安装好主板后再进行安装），具体操作如下。

（1）找到主板上靠近CPU插槽的M.2插槽上的散热片，用螺丝刀将其拆卸下来，如图3-19所示。

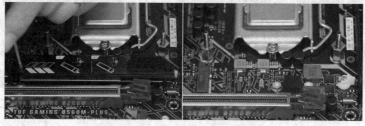

图3-19　拆卸M.2插槽上的散热片

（2）将固态盘的金手指对准M.2插槽，并将固态盘插入插槽，如图3-20所示。

（3）将固态盘轻轻按平，然后将散热片重新安装好，如图3-21所示。

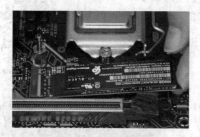

图3-20　插入固态盘

图3-21　重新安装散热片

（四）安装内存

内存的安装方法比较简单，但在安装前需要注意多通道的问题。内存插槽一般用不同的颜色来表示不同的通道。例如，如果需要安装两条内存来组成双通道，那么需要将两条内存插入相同颜色的插槽内。下面安装双通道的内存，具体操作如下。

（1）将两个灰色的内存插槽上的固定卡座向外轻微用力扳开，打开内存插槽的卡扣，如图3-22所示。

（2）将内存上的缺口与插槽中的防插反凸起对齐，并向下均匀用力，将内存平稳插入插槽中，直到内存的金手指和内存插槽完全接触为止，然后将卡扣扳回，以固定内存，如图3-23所示。

图3-22　打开内存插槽的卡扣

图3-23　安装双通道内存

（五）安装 CPU 散热器

微课视频

安装 CPU 散热器

CPU、CPU散热器支架、固态盘和内存安装好后，就可以将CPU的散热器安装到CPU散热器支架上了，具体操作如下。

（1）将导热硅脂挤到CPU的正面中心，然后将导热硅脂均匀涂抹以覆盖整个CPU正面，如图3-24所示。

（2）在CPU散热器的左右两侧安装固定支架挡片，如图3-25所示。

图3-24　涂抹导热硅脂

图3-25　安装固定支架挡片

（3）撕下CPU散热器底部与CPU正面接触位置的保护贴纸，如图3-26所示。

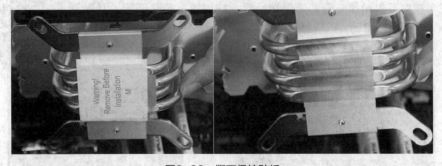

图3-26　撕下保护贴纸

（4）将CPU散热器放置到支架上。需要注意的是，保护贴纸应该与CPU正面完全接触，且支架上的4个螺丝应正对挡片的4个开口，如图3-27所示。

（5）将4个固定螺帽安装到支架螺丝上，以固定整个CPU散热器。由于CPU散热器上的风扇挡住了两个螺帽的安装，所以需要先将风扇拆下，然后将所有螺帽安装好，如图3-28所示。

图3-27　安放CPU散热器

图3-28　固定散热器

（6）将风扇重新安装到CPU散热器上，如图3-29所示。

（7）将风扇的电源插头插入主板的CPU散热器供电插槽中，如图3-30所示。

图3-29　安装风扇

图3-30　连接CPU散热器电源

（六）拆卸机箱并安装电源

安装好主板上的硬件后，就可以将机箱侧面板拆卸下来，并在其中安装电源，具体操作如下。

（1）将机箱放在工作台上，用手或十字螺丝刀拧下机箱后部的固定螺丝（通常是4颗，每侧两颗），如图3-31所示。

（2）在拧下机箱盖一侧的两颗螺丝后，按住该机箱侧面板，并向机箱后部滑动，以拆卸掉侧面板。

（3）将两侧的侧面板都拆卸掉后，将机箱中的线缆插头整理好，为后面的安装做好准备，如图3-32所示。

微课视频

拆卸机箱并安装
电源

图3-31　拧下固定螺丝

图3-32　整理好线缆插头

（4）将电源有开关和插座的一面朝向机箱背面的预留孔，然后将其放置在机箱的电源固定架上，使电源上的螺丝孔与机箱上的孔位对齐，接着安装4颗固定螺丝，如图3-33所示。

（5）利用螺丝将电源固定在机箱的固定架上后，可以用手上下晃动电源，观察其是否稳固，或者将机箱正放，查看电源是否稳固，如图3-34所示。

图3-33　固定电源　　　　　　　　图3-34　检查电源是否稳固

知识提示　　　　　　　　**注意机箱中电源的安装位置**

机箱的电源固定架通常位于机箱底部，对应电源的散热孔也位于机箱底部，所以电源的散热风扇应正对散热孔。

（七）安装主板

将主板上的各部件安装完成后，就可以将主板安装到机箱中了，具体操作如下。

（1）如果机箱内没有固定主板的螺栓，就需要观察主板螺丝孔的位置，然后根据位置将六角螺栓安装在机箱内。在操作时，首先用手将六角螺栓拧入机箱的螺丝孔中，然后使用尖嘴钳将其固定，如图3-35所示。

微课视频

安装主板

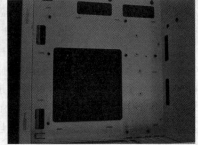

图3-35　安装六角螺栓

（2）将主板平稳地放入机箱内，使主板上的螺丝孔与机箱上的六角螺栓对齐，如图3-36所示。

（3）将螺丝拧入对应的六角螺栓内，使主板固定在机箱的主板架上，如图3-37所示，完成主板的安装。

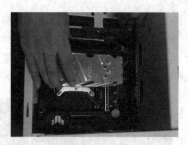

图3-36　放入主板

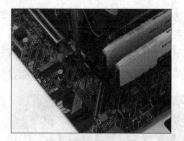

图3-37　拧上固定螺丝

（八）安装机械硬盘

微课视频

安装机械硬盘

下面安装机械硬盘，具体操作如下。

（1）找到机械硬盘自带的橡胶螺栓和固定螺丝，将橡胶螺栓放置在硬盘螺丝口的位置，然后拧入固定螺丝将其固定，如图3-38所示。

（2）使用同样的方法安装和固定好另外两个橡胶螺栓，如图3-39所示，然后将一个橡胶螺栓固定到机箱上用于安装机械硬盘的圆形固定孔中。

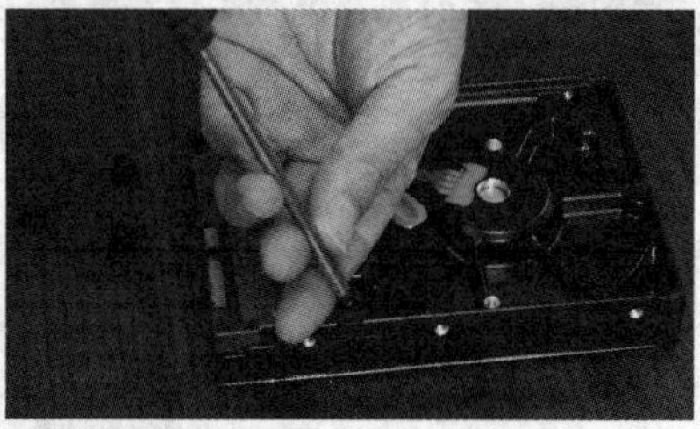

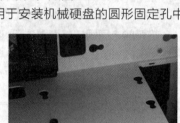

图3-38　安装和固定橡胶螺栓

图3-39　安装橡胶螺栓

知识提示

机械硬盘的安装位置

安装机械硬盘前，应该先在机箱上找到对应的安装孔（通常在主板旁边的机箱支架上，或者在与电源平行的机箱支架上）。对应的安装孔通常是4个，其中3个是非固定卡扣孔，1个是圆形固定孔。

（3）将硬盘上的橡胶螺栓放入机箱上对应的非固定卡扣孔中，然后向非固定卡扣孔中空间较小的位置推拉，使橡胶螺栓固定，如图3-40所示。

（4）将固定螺丝拧入对应图形固定孔的橡胶螺栓中，如图3-41所示。用手晃动一下硬盘，确认固定后，完成安装机械硬盘的操作。

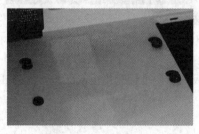

图3-40　固定橡胶螺栓

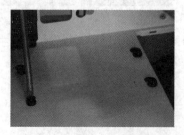

图3-41　拧上固定螺丝

（九）连接机箱内部的线缆

安装机箱内部的硬件后，用户还需要连接机箱内的各种线缆，主要包括各种电源线、信号线和控制线等，具体操作如下。

（1）找到20+4PIN主板电源线插头，将其对准主板上的电源插座插入，如图3-42所示。

（2）将8PIN的主板辅助电源插头对准主板上的辅助电源插座插入，如图3-43所示。

图3-42　连接主板电源线

图3-43　连接主板辅助电源线

（3）在机箱的前面板连接线中找到USB 3.0插头，将其插入主板的相应插座上，然后在机箱的前面板连接线中找到前置USB 2.0插头，将其插入主板的相应插座上，如图3-44所示。

（4）在机箱的前面板连接线中找到音频连线的HD AUDIO插头，将其插入主板的相应插座上，如图3-45所示。

图3-44　连接USB线

图3-45　连接音频线

（5）从机箱信号线中找到主机开关电源工作状态指示灯信号线插头（独立的两个插头），将其和主板上的POWER LED接口相连；找到机箱上的电源开关控制线插头（该插头为一个两芯的插头），将其和主板上的POWER SW接口相连；找到硬盘工作状态指示灯信号线插头（其为两芯插头），将其和主板上的H.D.D LED接口相连；找到机箱上的重启键控制线插头，将其和主板上的RESET SW接口相连，如图3-46所示。

多学一招　　　　　　　　　**分辨线缆的正负极**

信号线和控制线有正负极之分，通常会在插头或主板的插座上标注。另外，用户也可以通过主板的说明书或用户手册进行查看。

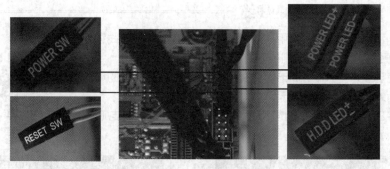

图3-46　连接机箱信号线和控制线

（6）机械硬盘电源线的一端为"L"形，在主机电源的线缆中找到该电源线插头，将其插入硬盘的对应插座中；机械硬盘数据线两端接口也都为"L"形（该数据线属于硬盘的附件，一般在硬盘的包装盒中），按正确的方向将一条数据线的插头插入硬盘的数据插座中，将该数据线的另一个插头插入主板的SATA插座中，如图3-47所示。

（7）将机箱内部的信号线放在一起，将硬盘的数据线和电源线理顺后用扎带捆绑固定，然后将所有未使用的电源线捆扎起来，如图3-48所示。

图3-47　连接机械硬盘的电源线和数据线

图3-48　整理线缆

多学一招　　　　　　**安装其他独立硬件**

如果需要安装独立的显卡、网卡或声卡，则需要在整理线缆前完成。以安装独立显卡为例，需要先拆卸掉机箱背部的板卡挡板，将显卡安装在对应的主板PCI-E插槽中，然后插上显卡电源线，将显卡固定在机箱上。

（十）连接计算机外部设备

连接外部设备是组装计算机的最终步骤，在此之前需要安装机箱侧面板，然后连接显示器、键盘和鼠标等，具体操作如下。

（1）将拆卸的两个侧面板装上，然后用螺丝固定，如图3-49所示。

（2）将USB鼠标和USB键盘的连接线插头对准机箱背部的主板扩展插槽的USB接口插入，再将显示器包装箱中配置的数据线的HDMI插头插入机箱背部的主板扩展插槽的HDMI中，如图3-50所示。

（3）检查各种连线，确认连接无误后，将主机电源线插头连接到主机后的电源接口中，

微课视频

连接计算机外部设备

如图3-51所示。

（4）将显示器包装箱中配置的电源线一头插入显示器的电源接口中，再将显示数据线的另外一个插头插入显示器后面的HDMI中，如图3-52所示。

图3-49　安装机箱侧面板

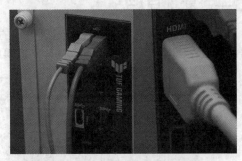

图3-50　连接鼠标、键盘和显示数据线

图3-51　连接电源线

图3-52　连接显示器

（5）将显示器电源插头插入电源插线板中，再将主机电源线插头插入电源插线板中，如图3-53所示。

（6）计算机组装完成后，其基本外观如图3-54所示。

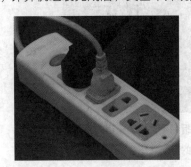

图3-53　计算机通电

图3-54　完成计算机的组装

多学一招　　　　　　　　**检测计算机组装结果**

　　　　计算机组装完成后，通常还需要检测计算机各部件是否安装成功。用户只需启动计算机，若能正常开机并显示自检画面，则说明组装成功，否则会发出报警声。出错的硬件不同，报警声也不同。

实训： 拆卸计算机硬件

一、实训目标

本实训的目标是将一台组装好的计算机的硬件拆卸下来，以帮助读者进一步了解计算机各硬件的安装操作。计算机拆卸前后的对比效果如图3-55所示。

图3-55　计算机拆卸前后的对比效果

二、专业背景

组装计算机可以帮助读者进一步了解和识别计算机中的各种硬件，锻炼读者的动手能力，使读者不仅能够组装计算机，还能以更加合理的流程和优化的方式来组装计算机。

微课视频

拆卸计算机硬件

三、操作思路

完成本实训主要包括拆卸外部连线和拆卸机箱中的硬件两大步骤，其操作思路如图3-56所示。

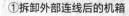

①拆卸外部连线后的机箱　　②拆卸硬件后的机箱内部

图3-56　拆卸计算机的操作思路

【步骤提示】

（1）关闭电源开关，拔下机箱上的电源线，然后在机箱后侧将一些连接线的插头直接向外水平拔出，包括键盘线、鼠标线、USB线、音箱线、网线和显示数据线等。

（2）拧下机箱的固定螺丝，取下机箱的两个侧面板。

（3）先用螺丝刀拧下条形窗口上固定显卡的螺丝，然后用双手捏紧显卡的上边缘，平直地向上拔出显卡。

（4）拔下硬盘的数据线和电源线，然后拧下两侧固定硬盘的螺丝，将硬盘抽出。

（5）将插在主板电源插座上的电源插头拔下，同时还要拔下CPU散热器电源插头和主板与机箱面板按钮的连线插头等。

（6）取下内存条。

（7）拆卸CPU散热器，然后将CPU插槽旁边的CPU固定拉杆拉起，捏住CPU的两侧，小心地将CPU取下。

（8）拆卸固态盘上覆盖的散热片，然后取出固态盘，并装回散热片。

（9）拧下固定主板的螺丝，将主板从机箱中取出来。

（10）拧下固定主机电源的螺丝，再握住电源将之向后抽出机箱。

课后练习

本项目主要介绍了组装计算机的基本操作，包括常见的一些装机工具、装机流程、装机注意事项和具体组装操作等知识。读者应认真学习和掌握本项目的内容，这也是本书的重点内容之一。

（1）简述计算机组装的基本流程。

（2）根据本项目的讲解，试着在一台计算机上拆卸机箱内的所有硬件设备，然后重新组装。

（3）仔细查看主板说明书，找到主板上连接机箱内部连线的接口位置，将上面的连线拔掉，然后尝试将连线重新连接起来。

（4）拆卸计算机的外部设备，并将其重新安装。

（5）试着不按本项目的安装步骤自行组装一台计算机。

（6）总结一种能够迅速组装一台计算机的方法。

技能提升

（一）组装计算机的实用技巧

下面介绍一些组装计算机的实用技巧。

- 多看说明书。每台计算机的主板、机箱、电源等都不一样，所以具体安装时需要先查阅一下主板、显卡和散热器等硬件的说明书。

- 选择PCI-E插槽。对有多条PCI-E插槽的主板来说，靠近CPU的PCI-E插槽通常与CPU直连，性能更优，用户通常应该选择在该插槽上安装显卡。但一些计算机的CPU散热器体积过于庞大，会影响显卡的散热，这时就需要将显卡安装在第二条PCI-E插槽上。

- 注意固定主板螺丝的顺序。安装时应先将主板螺丝孔位与背板螺栓对齐，然后安装主板对角线位置的两颗螺丝，这样可以避免在安装之后主板发生位移。安装这两颗螺丝时不必拧紧，安装其余螺丝时也同样不必拧紧，全部螺丝都安装完毕之后，再依次拧紧。

- 选择安装硬件的顺序。对于组装计算机的顺序，不同的人有不同的看法，所以按照自己的习惯进行即可。对组装计算机的新手而言，最好先将硬盘、电源安装到机箱后，再将安装好CPU、内存的主板安装到机箱中，这样可以避免在安装电源和硬盘时失手撞坏主板。

（二）安装水冷散热器的实用技巧

由于具有散热效率高和静音等方面的优势，水冷散热器开始流行，但水冷散热器的安装比较复杂，除了正常的安装操作外，还有以下4个实用技巧。

- 水冷散热器的接触面必须与硬件接触面尺寸相匹配，以防止压扁、压歪硬件。

- 水冷散热器的接触面必须具有较高的平整度和光洁度。建议选购接触面粗糙度小于或等于1.6μm、平整度小于或等于30 μm的水冷散热器。安装时，硬件接触面与散热器接触面应保持清洁干净、无油污等。
- 安装时要保证硬件接触面与水冷散热器的接触面完全平行。在安装过程中，用户应通过硬件中心线施加压力，使压力均匀分布在整个接触区域。建议使用扭矩扳手，对所有紧固螺母交替均匀用力，但压力的大小要达到要求。
- 在重复使用水冷散热器时，应特别注意检查其接触面是否光洁、平整，水腔内是否有水、是否出现下陷等情况，若不满足要求，则应予以更换。

（三）安装音箱

很多计算机都需要安装音箱，安装音箱比较复杂的操作是连接音箱之间的连线，而音箱与计算机的连线比较简单，通常是一根绿色接头的输出线。安装音箱的具体操作如下。

微课视频
安装音箱

（1）购买的音箱通常会附带相应的连接线，因此在组装时，只需使用其中的双头主音频线与左、右声道音频线，再将所需音频线取出并整理好即可，如图3-57所示。

（2）将双头主音频线按不同的颜色分别插入音箱后面对应颜色的音频输入孔中（通常是红色插头对应红色输入孔，白色插头对应白色输入孔），如图3-58所示。

图3-57　整理音频线

图3-58　连接双头主音频线

（3）将两根连接左右声道音箱的音频线按不同的颜色或正负极加以区分，然后将裸露的线头分别插入低音炮与扬声器的左、右音频输出口（对应左、右声道）中，并用手指将塑料卡扣压紧以固定音频线，如图3-59所示。

（4）将双头音频线的另一头插入主板或声卡的声音输出口（通常为绿色）中，完成音箱的安装操作，如图3-60所示。

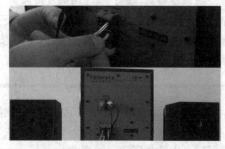

图3-59　连接左、右声道音频线

图3-60　连接音频输出口

（四）装机走线

在组装计算机的过程中，机箱内安装的硬件比较多，线材自然就会很多。如果能将线材归集到机箱背板等地方，那么不但在机箱内部看不到凌乱的线材，不会影响散热，而且机箱背板也不会外露，不影响整体的美观度。目前主流的线缆整理方式被称为"走背线"，走背线就是从机箱背部走线进行安装（不过只有支持走背线的机箱才可以实现，并且电源线材要足够长）。机箱背部走线不但可以使机箱内部简洁、美观，还有利于机箱散热。市面上常见的机箱和电源都支持走背线，图3-61所示为走背线的效果。

图3-61　走背线的效果

项目四
设置BIOS和硬盘分区

04

情景导入

　　米拉组装完所有计算机后，又对这些计算机进行了通电测试，以确认所有计算机能够正常使用。紧接着老洪要求米拉尽快对所有计算机的硬盘进行分区，为安装操作系统和应用软件做好前期准备工作。

学习目标

- 掌握设置计算机BIOS的相关操作。

如认识常见的计算机 BIOS 类型、了解设置 BIOS 的基本操作、熟悉 BIOS 的常用设置等。

- 掌握硬盘分区的相关操作。

如了解硬盘分区的原则、类型和基本格式，以及硬盘分区的基本操作等。

素质目标

- 培养循序渐进、一丝不苟的工作态度。

如按照组装计算机的标准流程进行组装操作，并按照用户的要求为硬盘划分不同容量的分区等。

- 培养专注度、敬业、与实际应用相结合的职业素养。

如充分考虑计算机的具体使用情况，以此设置计算机的 BIOS，并根据具体的硬盘容量选择不同的分区格式等。

任务一　设置BIOS

　　米拉认为，设置BIOS的主要目的是在安装操作系统时使用U盘启动计算机，而刚组装好的计算机中硬盘都没有分区和格式化，所以，新组装的计算机不需要设置BIOS。但老洪却不这样认为，计算机在后续的操作中可能涉及重装系统、日常维护等操作，这些操作可能就需要BIOS的支持，这时先进行一些基本的BIOS设置，就可以在以后的工作中节约时间、优化操作，所以，最好在组装好计算机后就设置BIOS。

一、任务目标

　　本任务将介绍UEFI BIOS的基本功能、类型和基本操作，以及界面中的主要设置等，并通过一些具体的BIOS设置来介绍常见的BIOS设置操作。通过本任务的学习，可以掌握设置

BIOS的基本操作。

二、相关知识

BIOS是被固化在只读存储器（Read-Only Memory，ROM）中的程序，因此又称为ROM BIOS或BIOS ROM。BIOS程序在开机时就会自动运行，运行完毕，硬盘上的程序才能正常工作。由于BIOS存储在只读存储器中，因此它只能读取，不能修改，且断电后仍能保持数据不丢失。

（一）UEFI BIOS 及其特点

统一可扩展固件接口（Unified Extensible Firmware Interface，UEFI）是一种详细描述全新类型接口的标准，是适用于计算机的标准固件接口，旨在代替BIOS，以及提高软件的相互操作性和打破BIOS的局限性，现在通常把具备UEFI标准的BIOS设置称为UEFI BIOS。UEFI BIOS拥有图形化界面和多种多样的操作方式，以及允许植入硬件驱动程序等多项特性，成为近几年主板的标准配置。不同品牌的主板，其BIOS的设置程序可能不同，但进入设置程序的操作都基本相同，即启动计算机，按【Delete】键或【F2】等键。图4-1所示为微星主板的UEFI BIOS主界面。

图4-1 微星主板的UEFI BIOS主界面

UEFI BIOS具有以下5个特点。

- 通过保护预启动或预引导进程来抵御bootkit的攻击，从而提高安全性。
- 缩短了启动时间和从休眠状态恢复的时间。
- 支持容量超过2.2TB的驱动器。
- 支持64位现代固件设备驱动程序，系统在启动过程中，可以使用它们来对超过172GB的内存进行寻址。
- UEFI硬件可与BIOS结合使用。

（二）BIOS 的基本功能

BIOS的功能主要包括中断服务程序、系统设置程序、开机自检程序和系统启动自举程序4项，但经常用到的只有后面3项。

- 中断服务程序。中断服务程序实质上是指计算机系统中软件与硬件之间的一个接口，在操作系统中，用户对硬盘、光驱、键盘和显示器等硬件设备的管理都建立在BIOS的基础上。
- 系统设置程序。计算机在对硬件进行操作前，必须先知道硬件的配置信息，这些配置信息存放在一块可读写的RAM芯片中，而BIOS中的系统设置程序主要用来设置RAM中的各项硬件参数，这个设置参数的过程就称为BIOS设置。

- 开机自检程序。在按下计算机的电源开关后，开机自检（Power On Self Test，POST）程序将检查各个硬件设备是否正常工作，包括对CPU、640KB基本内存、1MB以上的扩展内存、ROM、主板、CMOS存储器、串并口、显卡、软／硬盘子系统及键盘的测试等，一旦在自检过程中发现问题，系统就会给出提示信息或警告。
- 系统启动自举程序。在完成开机自检后，BIOS将先按照RAM中保存的启动顺序来搜寻软/硬盘、光盘驱动器和网络服务器等有效的启动驱动器，然后读入操作系统引导记录，再将系统控制权交给引导记录，最后由引导记录完成系统的启动。

（三）BIOS 的基本操作

UEFI BIOS既可以通过鼠标直接操作，也可以通过快捷键进行操作，常用的快捷键及组合键如下。

- 【←】【→】【↑】【↓】键。用于在各设置选项间切换和移动。
- 【 + 】或【 Page Up 】键。用于切换选项设置递增值。
- 【 – 】或【 Page Down 】键。用于切换选项设置递减值。
- 【Enter】键。用于确认执行和显示选项的所有设置值，并进入选项子菜单。
- 【F1】或【 Alt + H 】组合键。用于弹出帮助窗口，并显示所有功能键。
- 【F5】键。用于载入选项修改前的设置值。
- 【F6】键。用于载入选项的默认值。
- 【F7】键。用于载入选项的最优化默认值。
- 【F10】键。用于保存并退出BIOS设置。
- 【Esc】键。用于回到前一级画面或主画面，或从主画面中结束设置程序时不保存设置直接退出BIOS程序。

三、任务实施

（一）设置 BIOS 为中文界面

UEFI BIOS的操作界面默认显示为英文，为了方便操作，可以将其设置为中文。下面以设置华硕主板的UEFI BIOS为例，具体操作如下。

微课视频

设置 BIOS 为中文
界面

（1）启动计算机，当屏幕出现自检画面时按【 Delete 】键，进入UEFI BIOS的设置主界面，然后单击界面右下角的"Advanced Mode"，如图4-2所示。

> **知识提示**
>
> **UEFI BIOS设置主界面**
>
> "Advanced Mode"右侧括号中的字符是进入设置界面的快捷键。另外，UEFI BIOS 主界面中显示了 CPU、内存、散热器、硬盘等硬件的型号和性能参数，以及计算机的启动顺序等信息。

（2）打开"Advanced Mode"界面，在"Main"选项卡的"System Language"选项中单击其右侧的下拉按钮，在弹出的下拉列表中选择"中文（简体）"选项，如图4-3所示。

图4-2　UEFI BIOS主界面

图4-3　切换到中文模式

（3）UEFI BIOS的操作界面将自动切换为中文模式。

（二）设置计算机的启动顺序

启动顺序是指系统启动时将按设置的驱动器顺序查找并加载操作系统，这需要在"Advanced Mode"界面的"启动"选项卡中设置。下面在"Advanced Mode"界面的"启动"选项卡中设置计算机的启动顺序为优先U盘启动，然后硬盘启动，具体操作如下。

（1）在"Advanced Mode"界面中单击"启动"选项卡，选择"启动设置"选项，在展开的选项栏中单击"启动选项#1"选项右侧的下拉按钮，在弹出的下拉列表中选择与U盘对应的选项，如图4-4所示。

（2）单击"启动选项#2"选项右侧的下拉按钮，在弹出的下拉列表中选择与硬盘对应的选项，如图4-5所示。

微课视频

设置计算机的启动顺序

图4-4　设置第一启动顺序的硬件设备

图4-5　设置第二启动顺序的硬件设备

（三）设置核芯显卡的显存

设置核芯显卡的显存是为了提升显卡的性能，下面在BIOS中将核芯显卡的显存设置为1GB，具体操作如下。

（1）在"Advanced Mode"界面中单击"高级"选项卡，然后选择"北桥"选项，如图4-6所示。

（2）在"高级\北桥"中选择"显示设置"选项，如图4-7所示。

微课视频

设置核芯显卡的显存

图4-6　选择"北桥"

图4-7　选择"显示设置"

（3）在"高级\北桥\显示设置"中单击"DVMT预分配"选项右侧的下拉按钮，在弹出的
下拉列表中选择"1024M"选项，如图4-8所示。

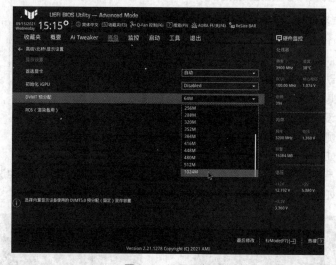

图4-8　设置显存

知识提示

DVMT

　　DVMT是一种动态分配共享显存的技术，用于动态分配系统内存作为视频内存，以
确保计算机能够有效利用可用资源来获得最佳的2D/3D图形性能。

（四）保存设置并退出BIOS

　　设置完BIOS后，需要保存设置并重新启动计算机，相关设置才会
生效。下面在设置核芯显卡的显存后保存设置并退出BIOS，具体操作
如下。

（1）在"Advanced Mode"界面中单击"退出"选项卡，然后
选择"保存变更并重新设置"选项，如图4-9所示。

（2）在"保存变更并重新设置"对话框中确认好需要保存的设置内容后，单击"OK"按
钮，如图4-10所示。

微课视频

保存设置并退出
BIOS

（3）计算机将自动重新启动，以使所有更改的BIOS设置生效。

图4-9　执行退出操作

图4-10　保存设置并退出

任务二　硬盘分区

　　根据公司组装计算机的配置，通常是将固态盘作为系统盘，机械硬盘作为数据盘。米拉在老洪的指导下，计划将固态盘全部划分为两个分区，机械硬盘则根据硬盘容量大小和公司不同部门的需求划分为多个分区。

一、任务目标

　　本任务将讲解硬盘分区的原因和原则，并介绍分区的类型和格式，最后介绍对不同容量和类型的硬盘进行分区。通过本任务的学习，可以掌握为硬盘分区的操作方法。

二、相关知识

　　设置好BIOS后，下一步操作通常是为硬盘分区。硬盘分区是指在一块物理硬盘上创建多个独立的逻辑单元，以提高硬盘的利用率，并实现数据的有效管理，这些逻辑单元即通常所说的C盘、D盘和E盘等。另外，为了进行硬盘分区，还需要制作U盘启动盘，利用U盘启动计算机，然后用软件对计算机硬盘进行分区。

（一）硬盘分区的原则

　　用户在对硬盘进行分区时，不可盲目分配，需按照一定的原则来分。分区的原则一般包括合理分区、实用为主、根据操作系统的特性分区和常见分区等。

- **合理分区**。合理分区是指分区数量要合理，不可过多。分区数量过多会降低系统启动及读写数据的速度，并且也不方便磁盘管理。
- **实用为主**。实用是指根据实际需要来决定每个分区的容量大小，使每个分区都有专门的用途。这种做法可以使各个分区之间的数据相互独立，不产生混淆。
- **根据操作系统的特性分区**。同一种操作系统不能支持全部类型的分区格式，因此用户在分区时应考虑要安装何种操作系统，以便合理安排。
- **常见分区**。通常可将硬盘分为系统、程序、数据和备份4个区，除了系统分区要考虑操作系统的容量外，其余分区一般可平均分配。

（二）硬盘分区的类型

分区类型最早在磁盘操作系统（Disk Operating System，DOS）中出现，其作用是描述各个分区之间的关系。硬盘分区类型主要包括主分区、扩展分区与逻辑分区。

- 主分区。主分区是硬盘上最重要的分区。一个硬盘最多能有4个主分区，但只能有一个主分区被激活。主分区被系统默认分配为C盘。
- 扩展分区。主分区外的其他分区统称为扩展分区。
- 逻辑分区。逻辑分区从扩展分区中分配，只有逻辑分区的文件格式与操作系统兼容时，操作系统才能访问它。逻辑分区的盘符默认从D盘开始（前提是硬盘上只存在一个主分区）。

（三）MBR 分区格式

主引导记录（Master Boot Record，MBR）是在磁盘上存储分区信息的一种方式，这些分区信息包含分区从磁盘的哪里开始的信息，这样操作系统才能知道磁盘的哪个扇区属于哪个分区，以及哪个分区可以启动。MBR是存在于驱动器开始部分的一个特殊的启动扇区，这个扇区包含已安装的操作系统的启动加载器和驱动器的逻辑分区信息。如果安装了Windows操作系统，那么Windows操作系统启动加载器的初始信息就放在该区域里。如果MBR的信息被覆盖，导致Windows操作系统不能启动，此时就需要使用Windows操作系统的MBR修复功能来使其恢复正常。MBR最多支持4个主分区，如果要有更多分区，则需要创建"扩展分区"，并在其中创建逻辑分区。

传统的MBR分区文件格式有FAT32与NTFS两种，以NTFS为主，这种文件格式的硬盘分区占用的簇更小，支持的分区容量更大，并且引入了一种文件恢复机制，可最大限度地保证数据的安全。Windows操作系统使用的便是NTFS分区文件格式。

（四）GPT 分区格式

全局唯一标识分区表（GUID Partition Table，GPT）是一个正在逐渐取代MBR的新分区标准，它和UEFI相辅相成，即UEFI用于取代老旧的BIOS，而GPT用于取代老旧的MBR。驱动器上的每个分区都有一个全局唯一标识符（Globally Unique Identifier，GUID）——这是一个随机生成的字符串，地球上的每一个GPT分区都会被分配一个完全唯一的标识符。GPT还支持几乎无限个分区，限制只在于操作系统。Windows操作系统最多支持128个GPT分区，而且不需要创建扩展分区。2TB以上的硬盘和M.2 NVMe固态盘都必须使用GPT分区格式，SATA固态盘则可以使用MBR和GPT这两种分区格式。

三、任务实施

（一）制作 U 盘启动盘

微课视频

制作 U 盘启动盘

Windows预安装环境（Windows Preinstallation Environment，Windows PE）是常用的U盘启动盘操作系统，下面以使用Windows PE的大白菜软件来制作U盘启动盘为例，具体操作如下。

（1）打开大白菜官网，下载并安装U盘启动盘制作软件（安装软件的具体操作将在项目五中详细讲解），如图4-11所示。

（2）将一个空白U盘插入计算机的USB接口。

（3）启动U盘启动盘制作软件，在主界面"默认模式"选项卡的"请选择"下拉列表框中选择U盘对应的选项，其他保持默认设置，然后单击"一键制作成USB启动盘"按钮，如图4-12所示。

（4）此时弹出一个提示对话框，要求用户确认是否开始制作，在其中单击"确定"按钮，如图4-13所示。

图4-11　下载并安装U盘启动盘制作软件

图4-12　选择制作模式

图4-13　确认开始制作

（5）制作软件开始在选择的U盘中写入数据，并将其制作成启动盘，同时在软件主界面下方显示制作进度，如图4-14所示。

（6）制作完成后，将打开提示对话框，提示用户启动U盘已制作成功，在其中单击"确定"按钮即可，如图4-15所示。

图4-14　开始制作U盘启动盘

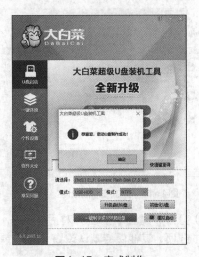

图4-15　完成制作

（二）使用 DiskGenius 为 500GB 的固态盘分区

DiskGenius是Windows PE自带的专业硬盘分区软件，可以对目前市面上常见容量的硬盘进行分区。下面使用DiskGenius将500GB固态硬盘分为两个区，具体操作如下。

（1）使用制作好的U盘启动盘启动计算机，进入Windows PE的操作界面，在其中双击"分区工具"图标，如图4-16所示。

（2）进入DiskGenius操作界面后，在左侧的列表框中选择需要分区的500GB固态盘对应的选项（显示为"466GB"），在上面的"基本GPT"栏中单击"空闲465.8GB"硬盘区域，然后在上面的工具栏中单击"新建分区"按钮，如图4-17所示。

图4-16　进入Windows PE

图4-17　选择要分区的硬盘并新建分区

（3）打开"建立新分区"对话框，在"请选择分区类型"栏中单击选中"主磁盘分区"单选项，在"请选择文件系统类型"下拉列表框中选择"NTFS"选项，在"新分区大小"数值框中输入"300"，在右侧的下拉列表框中选择"GB"选项，然后单击"确定"按钮，如图4-18所示。

（4）返回DiskGenius操作界面，可看到已经划分好的硬盘主磁盘分区，然后单击"空闲165.8GB"硬盘区域，再单击"新建分区"按钮，如图4-19所示。

图4-18　建立主磁盘分区

图4-19　新建分区

（5）打开"建立新分区"对话框，在"请选择分区类型"栏中选中"扩展磁盘分区"单选项，其他保持默认设置，然后单击"确定"按钮，如图4-20所示。

（6）此时返回DiskGenius操作界面，可看到已经将刚才选择的硬盘空闲空间全部划分为了扩展磁盘分区，然后单击"空闲165.8GB"硬盘区域，再单击"新建分区"按钮，如图4-21所示。

图4-20　建立扩展分区

图4-21　继续创建分区

（7）打开"建立新分区"对话框，在"请选择分区类型"栏中选中"逻辑分区"单选项，在"请选择文件系统类型"下拉列表框中选择"NTFS"选项，其他保持默认设置，然后单击"确定"按钮，如图4-22所示。

（8）返回DiskGenius操作界面，可看到已经将刚才选择的硬盘划分为了两个分区，在上面的工具栏中单击"保存更改"按钮，打开提示对话框，要求用户确认是否保存对分区表的所有更改，在其中单击"是"按钮，如图4-23所示。

图4-22　建立逻辑分区

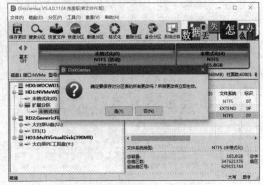

图4-23　确认分区操作

（9）此时再次弹出一个提示对话框，询问用户是否对新建立的硬盘分区进行格式化，单击"是"按钮确认，如图4-24所示。

（10）返回DiskGenius操作界面，该硬盘分区完成，如图4-25所示。将硬盘分区并格式化后，即可用于安装操作系统和应用软件，以及进行数据读写等操作。

知识提示　　　　　　　　　**硬盘格式化**

硬盘格式化是指对创建的分区进行初始化，并确定数据的写入区，只有经过格式化的硬盘才可以安装软件及存储数据。执行格式化操作后，硬盘中原有的数据将全部被删除。

图4-24　确认格式化操作　　　　　　　　　图4-25　完成硬盘分区

（三）使用 DiskGenius 为 1TB 的机械硬盘分区

下面使用DiskGenius的自动分区功能将1TB的机械硬盘分为3个分区，具体操作如下。

（1）在DiskGenius操作界面左侧的列表框中选择需要分区的1TB机械硬盘对应的选项（显示为"932GB"），在上面的"基本MBR"栏中单击"空闲931.5GB"硬盘区域，然后在上面的工具栏中单击"快速分区"按钮，如图4-26所示。

（2）打开"快速分区"对话框，在左侧的"分区表类型"栏中选中"MBR"单选项，在"分区数目"栏中选中"3个分区"单选项，在"高级设置"栏中保持软件默认的分区大小和文件格式，在右侧第一行的"卷标"下拉列表框中选择"办公"选项，在右侧第二行的"卷标"下拉列框表中选择"娱乐"选项，在右侧第三行的"卷标"下拉列表框中选择"数据"选项，其他保持默认设置，然后单击"确定"按钮，如图4-27所示。

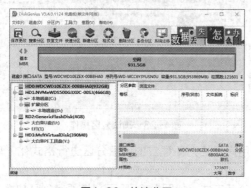

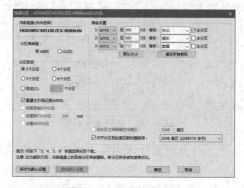

图4-26　快速分区　　　　　　　　　　　图4-27　设置快速分区

多学一招　　　　　　　　　**大容量硬盘的分区表选项**

如果硬盘的容量在2TB及以上，或者使用的是 M.2 NVMe 固态盘，则在"快速分区"对话框左侧的"分区表类型"栏中应该选中"GUID"单选项。

（3）DiskGenius将按照设置对硬盘进行快速分区，并在分区完成后自动对分区进行格式化操作。操作完成返回DiskGenius操作界面，即可看到硬盘分区的最终效果，如图4-28所示。

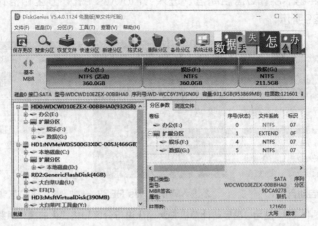

图4-28　完成快速分区

多学一招　　　　**将机械硬盘设置为数据存储设备**

　　"快速分区"对话框中机械硬盘的"办公 (E:)"分区是活动分区，也可以作为系统盘在其中安装操作系统。同时，用户也可通过设置将该机械硬盘完全作为数据存储设备，具体方法为：启动 DiskGenius，选择硬盘，单击"快速分区"按钮，在打开的"快速分区"对话框中取消选中"重建主引导记录（MBR）"复选框，然后选择该硬盘的活动分区，单击鼠标右键，在弹出的快捷菜单中选择"取消分区激活状态"命令，在弹出的对话框中单击"是"按钮，接着在该活动分区上单击鼠标右键，在弹出的快捷菜单中选择"转换为逻辑分区"命令，最后在上面的工具栏中单击"保存更改"按钮，在弹出的对话框中单击"是"按钮。经过上述操作后便可在进行硬盘分区时不为硬盘划分系统盘，而是将整个硬盘的所有分区都划分为扩展分区。

实训：　使用U盘启动计算机并对硬盘进行分区和格式化

一、实训目标

本实训的目标是通过U盘启动计算机，然后使用Windows PE中的DiskGenius对计算机中的一个800GB的硬盘进行分区和格式化操作。

二、专业背景

专业的计算机组装人员通常是通过U盘启动计算机，然后进入Windows PE，使用DiskGenius对硬盘进行分区和格式化，并通过其中的各种装机软件为计算机安装操作系统。

Windows PE不是计算机上的主要操作系统，而是作为独立的预安装环境，以及其他安装程序和恢复技术的完整组件使用的。通过U盘启动的Windows PE是用Windows PE定义制作的操作系统，可直接使用。

三、操作思路

完成本实训主要包括制作U盘启动盘、进入Windows PE、分区和格式化硬盘三大步骤，其操作思路如图4-29所示。

①制作U盘启动盘

②进入Windows PE

③分区和格式化硬盘

图4-29　使用U盘启动计算机并对硬盘进行分区和格式化的操作思路

【步骤提示】

（1）启动计算机，进入BIOS设置，再进入"Advanced Mode"界面，单击"启动"选项卡，选择"启动设置"选项，在展开的选项栏中单击"启动选项#1"选项右侧的下拉按钮，在弹出的下拉列表中选择与U盘对应的选项。

微课视频

使用U盘启动计算机
并分区和格式化

（2）重新启动计算机，打开大白菜启动菜单，选择"运行Windows PE"选项，进入Windows PE系统，再选择"开始"/"所有程序"/"装机工具"/"DiskGenius"选项，启动DiskGenius。

（3）先创建主分区，其容量为200GB，然后将整个硬盘的剩余空间划分为两个逻辑分区。

（4）分区完成后，分别对分区进行格式化操作。

课后练习

本项目主要介绍了UEFI BIOS及其特点、BIOS的基本功能和基本操作、如何设置BIOS、常见的BIOS设置、硬盘分区的原则和类型、硬盘分区的操作和两种不同的硬盘分区格式等知识。读者应认真学习和掌握本项目的内容，为安装操作系统打下良好的基础。

（1）进入BIOS，设置日期为2022年1月1日。

（2）设置BIOS的管理员密码。

（3）设置开机顺序为固态盘、U盘、机械硬盘。

（4）使用DiskGenius对某台计算机中的硬盘进行分区，要求将其划分为两个主分区和一个逻辑分区，然后对这些分区进行格式化。

（5）尝试使用其他软件对硬盘进行分区和格式化操作，如Fdisk或Windows自带的分区工具。

（6）使用PartitionMagic对某台计算机中的硬盘进行分区，要求将其划分为两个主分区和一个逻辑分区，然后对这些分区进行格式化。

技能提升

（一）传统 BIOS 设置

传统BIOS主要有AMI BIOS和Phoenix-Award BIOS两种，其中又以Phoenix-Award BIOS为主。启动计算机，按【Delete】键即可进入Phoenix-Award BIOS的主界面。

- 标准CMOS设置（Standard CMOS Features）。该项功能主要用于对日期和时间、硬盘和光驱，以及启动检查等选项进行设置。
- 高级BIOS特性设置（Advanced BIOS Features）。该项功能可以对CPU的运行频率、病毒报警功能、磁盘引导顺序和密码检查方式等选项进行设置。
- 高级芯片组设置（Advanced Chipset Features）。该项功能主要针对的是主板采用的芯片组运行参数，对其中各个选项进行设置可以更好地发挥主板芯片的功能。但高级芯片组设置的内容非常复杂，稍有不慎就会导致系统无法开机或出现死机现象，所以不建议用户更改其中的任何设置参数。
- 外部设备设置（Integrated Peripherals）。该项功能主要是对外部设备运行的相关参数进行设置，其中的内容较多，主要包括芯片组内第一和第二个Channel的PCI IDE界面、第一和第二个IDE主控制器下的PIO模式、USB控制器、USB键盘支持及AC97音效等。
- 电源管理设置（Power Management Setup）。该项功能主要用于配置计算机的电源管理功能，以降低系统的耗电量。计算机可以根据设置的条件自动进入不同阶段的省电模式。
- PnP/PCI配置设置（PnP/PCI Configuration）。该项功能主要用于对PCI总线部分的系统进行设置。其配置设置内容技术性较强，不建议普通用户对其进行调整，以免出现问题，一般采用系统默认值就好。
- 频率和电压控制设置（Frequency/Voltage Control）。该项功能主要用于调整CPU的工作电压和核心频率，以帮助CPU进行超频。
- 载入最安全默认值（Load Fail-Safe Defaults）。最安全默认值是BIOS为用户提供的保守设置，以牺牲一定的性能为代价最大限度地保证计算机中硬件的稳定性。用户可在BIOS主界面中选择"Load Fail-Safe Defaults (Y/N)? Y"选项将其载入。
- 载入最优化默认值（Load Optimized Defaults）。最优化默认值是指将各项参数更改为针对该主板的最优化方案。用户可在BIOS主界面中选择"Load Optimized Defaults (Y/N)? Y"选项将其载入。
- 退出BIOS。在BIOS主界面中，选择"Save&Exit Setup"选项可保存更改并退出BIOS系统；选择"Exit Without Saving"选项，可不保存更改并退出BIOS系统。

（二）传统 BIOS 设置 U 盘启动

不同类型的BIOS，设置U盘启动的方法也有所差别。

- Phoenix-Award BIOS。启动计算机，进入BIOS设置界面并选择"Advanced BIOS Features"选项，在"Advanced BIOS Features"界面中选择"Hard Disk Boot Priority"选项，进入BIOS开机启动项优先级选择界面，在其中选择"USB-FDD"或者"USB-HDD"之类的选项（计算机会自动识别插入的U盘）；或在"Advanced BIOS Features"界面中选择"First Boot Device"选项，在打开的界面中选择"USB-FDD"等U盘选项。
- 其他BIOS。启动计算机，进入BIOS设置界面，按方向键选择"Boot"选项，在

"Boot"界面中选择"Boot Device Priority"选项；然后选择"1st Boot Device"选项，在该选项中选择插入计算机中的U盘作为第一启动设备。

（三）2TB 以上硬盘分区的注意事项

只有GPT分区格式才可以识别2TB以上的硬盘，因此对2TB以上的大容量硬盘进行分区时，必须使用GPT分区格式，该分区格式对计算机的硬件有以下要求。

- 必须使用采用UEFI BIOS的主板。
- 主板的南桥驱动程序需兼容Long LBA。
- 必须安装64位操作系统。

（四）使用 Windows 10 操作系统为硬盘分区

Windows 10操作系统自带的硬盘分区工具可以对目前各种容量的硬盘进行分区。在分区前，用户需要在一块硬盘中安装好Windows 10操作系统，然后安装另外一块硬盘，使用Windows 10操作系统自带的分区工具对第二块硬盘进行分区，具体操作如下。

（1）单击"开始"按钮，选择"开始"菜单中的"Windows管理工具"选项，在弹出的子菜单中选择"计算机管理"选项。

（2）打开"计算机管理"窗口，在左侧导航栏中展开"存储"选项，选择"磁盘管理"选项，此时系统会在右侧的窗格中加载磁盘管理工具。

（3）在磁盘1（通常第一块硬盘显示为磁盘0，以此类推）中的"未分配"选项上单击鼠标右键，在弹出的快捷菜单中选择"新建简单卷"命令。

（4）打开"新建简单卷向导"对话框，单击"下一步"按钮，打开"指定卷大小"界面，在其中设定好分区大小后，单击"下一步"按钮。

（5）打开"分配驱动器号和路径"界面，在其中设置一个盘符或路径，然后单击"下一步"按钮，打开"格式化分区"界面，在其中设置格式化分区，并单击"下一步"按钮。

（6）返回"新建简单卷向导"对话框，单击"完成"按钮，即可看到分区后的硬盘。

项目五
安装操作系统和常用软件

情景导入

　　由于现在的 Windows 操作系统都可以通过网络下载和安装，所以米拉将一个 1TB 的 U 盘连接到了计算机上，并将从 Microsoft 官方网站中下载的 Windows 10 安装程序保存到其中，准备为组装的计算机安装操作系统，以及常用的软件。

学习目标

- 掌握安装操作系统的相关操作。

如安装操作系统前的准备工作、安装 Windows 10 操作系统的详细流程等。

- 掌握连接和配置网络的相关操作。

如制作网线、连接网络设备、配置有线网络和无线网络等。

- 掌握安装常用软件的操作。

如安装常用软件、更新软件等。

素质目标

- 认识操作系统的重要性。

如操作系统是计算机的控制程序，计算机的使用建立在操作系统控制和软件应用的基础上等。

- 提升对国产操作系统和软件重要性的认识，为推动国家软件发展发力。

如了解目前各种国产的操作系统和软件，学习国产操作系统和软件的安装和优化等。

任务一　安装操作系统

　　老洪提醒米拉，网上下载的Windows 10安装程序至少需要8GB的存储空间。另外，在安装操作系统之前，应该先了解不同操作系统对计算机的配置要求，并选择合适的安装方式。

一、任务目标

　　本任务将详细介绍在计算机中使用U盘安装64位的Windows 10操作系统。通过本任务的学习，可以掌握Windows操作系统的相关安装操作。

二、相关知识

操作系统是计算机软件的核心，也是计算机正常运行的基础。没有操作系统，计算机将无法完成任何工作。其他应用软件也只能在安装了操作系统后才能安装，没有操作系统的支持，应用软件将不能发挥作用。Windows系列的操作系统是使用较多的操作系统，本任务以Windows 10为例。

（一）全新安装操作系统的方式

全新安装是指在计算机中没有安装任何操作系统的基础上安装一个操作系统，通常有光盘安装和U盘安装两种方式。

- 光盘安装。光盘安装就是购买正版的操作系统安装光盘，将其放入光驱，通过该安装光盘启动计算机，然后将光盘中的操作系统安装到计算机硬盘的系统分区中，这也是过去很长一段时间里较常用的操作系统安装方式。图5-1所示为Windows 10操作系统的安装光盘。
- U盘安装。U盘安装是目前非常流行的操作系统安装方式，用户首先要从网上下载正版的操作系统安装文件，将其放置到U盘中，然后通过U盘启动计算机，并通过该安装文件安装操作系统。

图5-1　Windows 10操作系统的安装光盘

（二）常用操作系统对计算机硬件配置的要求

Windows操作系统对计算机的硬件配置要求可分为两种，一种是Microsoft官方要求的最低配置，另一种是能够得到较满意运行效果的推荐配置（建议工作中采用）。以Windows 10操作系统为例，其计算机硬件配置的Microsoft官方要求如下。

- CPU。1GHz 或更高频率，32位（x86）或64位（x64）。
- 内存。1GB RAM（32位）或2GB RAM（64位）。
- 硬盘。至少有16GB的可用硬盘空间（32位）或20GB的可用硬盘空间（64位），从1903版本开始，以后的版本至少要有32GB的可用硬盘空间（32位和64位）。
- 显卡。至少支持800像素×600像素的屏幕分辨率，且具有支持Windows显示驱动程序模型（WDDM）的DirectX 9 图形处理器。

知识提示　　　　　　　**操作系统的硬件安全规范**

　　　为了保证操作系统的安全性，从 Windows 11 操作系统开始，只有在 CPU 或主板中加装了受信任的平台模块（Trusted Platform Module，TPM）安全芯片之后，计算机才能安装 Windows 11 操作系统。

三、任务实施

（一）下载 Windows 10 操作系统安装程序

在计算机中安装操作系统前，用户需要获取操作系统安装程序。若要安装Windows 10操作系统，则可以直接从Microsoft的官方网站中下载。下面从网上下载Windows 10操作系统安装程序到U盘（需要准备一个可用容量在8GB及以上的U盘作为安装介质）中，具体操作如下。

下载 Windows 10 操作系统安装程序

（1）在能够正常工作并联网的计算机中打开Microsoft的官方网站，进入Windows 10操作系统安装程序的下载页面，单击"立即下载工具"按钮，如图5-2所示。

（2）系统将自动下载Windows 10操作系统安装程序，并在网页中弹出下载结果的对话框，单击该对话框中的"打开文件"超链接，如图5-3所示。

图5-2　Windows 10操作系统安装程序的官方下载页面

图5-3　单击"打开文件"超链接

> **知识提示**
>
> ### Windows操作系统的版本
>
> 在 Microsoft 的官方网站上，目前能够下载并安装的 Windows 操作系统版本包括 Windows 10 和 Windows 11 两种，以前的 Windows 操作系统版本已经停止支持了。

（3）在打开的"适用的声明和许可条款"界面查看软件的许可条款后，单击"接受"按钮，如图5-4所示。

（4）打开"你想执行什么操作？"界面，选中"为另一台电脑创建安装介质（U盘、DVD或ISO文件）"单选项后，单击"下一步"按钮，如图5-5所示。

图5-4　接受许可条款

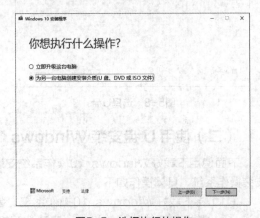

图5-5　选择执行的操作

（5）打开"选择语言、体系结构和版本"界面，取消选中"对这台电脑使用推荐的选项"复选框，在"语言""版本""体系结构"下拉列表框中分别进行设置后，单击"下一步"按钮，如图5-6所示。

（6）打开"选择要使用的介质"界面，选中"U盘"单选项后，单击"下一步"按钮，如图5-7所示。

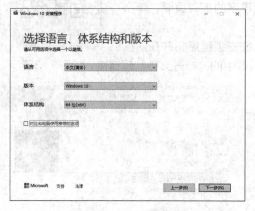

图5-6　设置操作系统

图5-7　选择要使用的介质

（7）打开"选择U盘"界面，在"可移动驱动器"栏中选择U盘对应的盘符，然后单击"下一步"按钮，如图5-8所示。

（8）系统开始从网上下载Windows 10操作系统安装程序，并将其存储到U盘中，同时系统会自动将U盘创建为启动盘。

（9）下载完成后，在打开的窗口中显示U盘已准备就绪的提示语，单击"完成"按钮，如图5-9所示，完成制作Windows 10操作系统启动盘的工作。

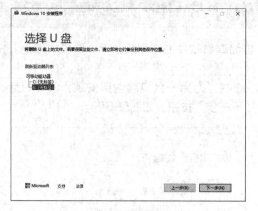

图5-8　选择U盘

图5-9　完成制作Windows操作系统启动的工作

（二）使用 U 盘安装 Windows 10 操作系统

下面使用下载好Windows 10操作系统安装程序的U盘来为计算机安装操作系统，具体操作如下。

（1）将下载好Windows 10操作系统安装程序的U盘插入需要安装操作系统的计算机中，启动计算机后，系统将自动运行其中的安装程序。此时计算机将对U盘进行检测，屏幕中显示安

微课视频

使用 U 盘安装
Windows 10 操作
系统

装程序正在加载安装文件，如图5-10所示。

（2）文件加载完成后，系统将运行Windows 10操作系统安装程序，用户可在打开的窗口中设置系统语言等，这里保持默认设置，然后单击"下一步"按钮，如图5-11所示。

图5-10　加载安装文件

图5-11　设置系统语言等

（3）在打开的窗口中单击"现在安装"按钮，系统将开始安装Windows 10操作系统，如图5-12所示。

（4）打开"选择要安装的操作系统"界面，在其中的列表框中选择要安装的操作系统的版本，然后单击"下一步"按钮，如图5-13所示。

图5-12　开始安装

图5-13　选择操作系统的版本

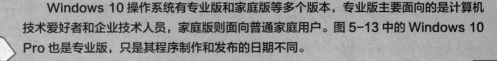

知识提示

Windows 10操作系统的版本

Windows 10操作系统有专业版和家庭版等多个版本，专业版主要面向的是计算机技术爱好者和企业技术人员，家庭版则面向普通家庭用户。图5-13中的Windows 10 Pro也是专业版，只是其程序制作和发布的日期不同。

（5）打开"适用的声明和许可条款"界面，选中"我接受许可条款"复选框后，单击"下一步"按钮，如图5-14所示。

（6）打开"你想执行哪种类型的安装？"界面，在其中选择"自定义：仅安装Windows（高级）"选项，如图5-15所示。

图5-14　接受许可条款

图5-15　选择安装类型

（7）打开"你想将Windows安装在哪里？"界面，选择好安装Windows 10操作系统的磁盘分区后，单击"下一步"按钮，如图5-16所示。

知识提示　　　　　　　　　　　**驱动器的编号**

选择磁盘分区时一定要注意，通常驱动器后面的编号代表了不同的硬盘或U盘。例如，图5-16中的驱动器0就是一个容量为8TB的机械硬盘，驱动器1则是带有Windows 10操作系统安装程序的U盘。

（8）打开"正在安装Windows"界面，其中显示了复制Windows文件和准备要安装的文件的状态，并用百分比的形式显示了安装进度，如图5-17所示。

图5-16　选择磁盘分区

图5-17　正在安装

（9）在安装和复制文件的过程中会要求重启计算机，约10秒后计算机会自动重启，用户也可单击"立即重启"按钮直接重新启动计算机，如图5-18所示。

（10）Windows 10操作系统将对系统进行设置，并准备设备，如图5-19所示。

（11）自动重启计算机并准备完设备后，打开区域设置界面，在其中选择默认的选项，然后单击"是"按钮，如图5-20所示。

（12）打开"这种键盘布局是否合适？"界面，选择一种输入法后，单击"是"按钮，如图5-21所示。

（13）打开"是否想要添加第二种键盘布局？"界面，可以直接单击"跳过"按钮，如图5-22所示。

（14）打开"谁将会使用这台电脑？"界面，在文本框中输入账户名称，然后单击"下一步"按钮，如图5-23所示。

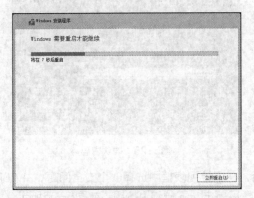

图5-18　继续安装

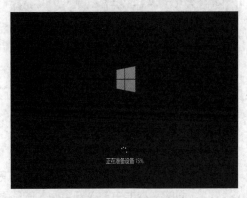

图5-19　准备设备

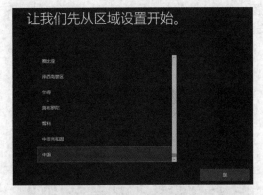

图5-20　设置区域

图5-21　设置输入法

图5-22　继续设置输入法

图5-23　设置账户

（15）打开"创建容易记住的密码"界面，在文本框中输入账户密码，然后单击"下一步"按钮，如图5-24所示。

（16）打开"确认你的密码"界面，在文本框中再次输入账户密码，然后单击"下一步"按钮，如图5-25所示。

图5-24 设置密码

图5-25 确认密码

（17）打开"为此账户创建安全问题"界面，在下拉列表框中选择一个安全问题，并在下面的文本框中输入安全问题的答案，然后单击"下一步"按钮，如图5-26所示。

（18）使用同样的方法继续选择另外一个安全问题，然后输入该安全问题的答案，并单击"下一步"按钮；再选择一个安全问题，并输入该安全问题的答案，最后单击"下一步"按钮。用户总共需要创建3个安全问题并输入答案。

（19）打开"在具有活动历史记录的设备上执行更多操作"界面，在其中单击"是"按钮，如图5-27所示。

图5-26 创建安全问题

图5-27 发送活动记录

（20）打开"为你的设备选择隐私设置"界面，设置各种隐私选项后，单击"接受"按钮，如图5-28所示。

（21）安装完成后，屏幕上将显示Windows 10操作系统的桌面，即完成Windows 10操作系统的安装，如图5-29所示。

图5-28 隐私设置

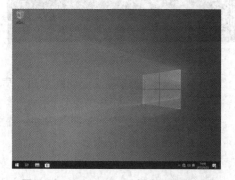
图5-29 Windows 10操作系统的桌面

（22）单击"开始"按钮，在打开的"开始"菜单中选择"Windows系统"选项，在"此电脑"选项上单击鼠标右键，在弹出的快捷菜单中选择"更多"命令，在弹出的子菜单中选择"属性"命令，如图5-30所示。

（23）打开"系统"窗口，在"Windows激活"栏中单击"激活Windows"超链接，如图5-31所示。

图5-30　选择"属性"命令

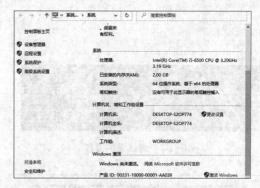

图5-31　激活Windows

多学一招　　　　　**Windows操作系统的激活方式**

使用普通激活方式激活时，必须使计算机连接到 Internet，并通过网上购买的产品密钥进行激活；使用电话激活方式激活时，可致电客服代表。激活操作最好由计算机用户自行操作。

（24）打开"激活"界面，单击"更改产品密钥"超链接，如图5-32所示。

（25）打开"输入产品密钥"对话框，在"产品密钥"文本框中输入产品密钥，然后单击"下一步"按钮，如图5-33所示。

图5-32　单击"更改产品密钥"超链接

图5-33　输入产品密钥

知识提示　　　　　**操作系统的产品密钥**

操作系统的产品密钥就是软件的产品序列号，光盘包装盒的背面一般有一张黄色的不干胶贴纸，上面的25位数字和字母的组合就是产品密钥。如果是网上下载的安装程序，则网上付款后便可以获得产品密钥。

（26）打开"激活Windows"提示框，单击"激活"按钮，如图5-34所示。

（27）Windows操作系统将连接到Internet中进行系统激活，完成后将返回"系统"窗口，"Windows激活"栏中会显示"Windows已激活"，如图5-35所示。

图5-34　确认激活操作

图5-35　完成操作系统的激活

任务二　连接和配置网络

在安装操作系统的过程中，激活Windows的步骤通常需要将计算机连接到Internet。所以米拉需要使用购买的无线路由器将不同部门的计算机连接起来，从而组成多个局域网，然后统一将其连接到Internet。之后，米拉可以直接通过Internet下载和安装应用软件。

一、任务目标

本任务将介绍组建办公局域网，并将其连接到Internet中。通过本任务的学习，可以掌握连接和配置网络的相关操作。

二、相关知识

将计算机连接到Internet时，需要连接一些网络硬件设备，如路由器和光调制解调器等。配置有线网络主要是设置路由器的拨号连接和每台计算机的IP地址；而配置无线网络是管理网络名称和密码，并设置无线终端（笔记本电脑和智能手机等）的IP地址。

（一）办公局域网的设计方案

局域网（Local Area Network，LAN）是指在某一区域内由多台计算机连接形成的计算机组，可以实现计算机间的文件共享、应用软件共享、打印机共享、电子邮件和传真通信服务等功能。局域网是封闭型的，既可以由办公室内的两台计算机组成，也可以由一个公司内的上千台计算机组成。

- 无交换机的局域网方案。这种局域网中的网络终端（计算机、多功能一体机等）数量较少，通常可通过路由器或光调制解调器的端口连接上网，家庭局域网采用的就是这种方案。

- 有交换机的局域网方案。这是目前比较常见的局域网设计方案，这种局域网通常会将一定数量的网络终端都连接到一台交换机上，由交换机连接到路由器，由路由器连接到光调制解调器的端口进行上网，如图5-36所示。

- 无线局域网方案。这种设计方案摆脱了网线的限制，可由无线路由器连接到光调制解调器的端口进行上网，其他网络终端通过无线网络连接无线路由器进行上网，如图5-37所示。

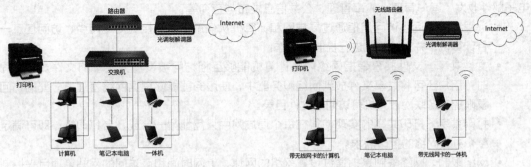

图5-36 有交换机的局域网方案　　　　　　图5-37 无线局域网方案

（二）常用的网络硬件设备和组网工具

除网卡和路由器外，常用的组建局域网的硬件设备还有交换机和光调制解调器等，而搭建计算机局域网需要用到的工具主要有压线钳和测线仪等。

- 交换机。交换机是一种能将多台计算机连接起来的高速数据交流设备，在局域网中的作用相当于一个信息中转站，所有需要在网络中传播的信息都会在交换机中被指定到下一个传播端口。通俗地说，交换机可以被当作更多接口的路由器，它的LAN接口比路由器多很多，且各种接口的连接与路由器完全一致。

- 光调制解调器。光调制解调器又称光猫，通常安装在计算机和网络系统之间，使一台计算机能够通过光纤与另一台计算机进行信息交换。光调制解调器是一种将光以太信号转换成其他协议信号的收发设备，也是目前最为常见的一种调制解调器。光调制解调器通常有一个光纤接口和多个网络口（LAN），光纤接口用于接入互联网，网络口则用于接入网卡或其他网络设备（如路由器）。

- 压线钳。压线钳是一种制作网线的专用工具，使用压线钳可以非常方便地剥开、夹断网线，并压制水晶头或BNC接头。压线钳主要有双绞线压线钳和同轴电缆压线钳两种类型，图5-38所示为常用的双绞线压线钳。

- 测线仪。测线仪是专门用来测试网线通断的工具，如图5-39所示。测线仪分为主、从两部分，每个部分都有一个接口（或两种不同的接口）和一排指示灯。测试时，将制作好的网线两端分别插入两部分的接口中，再打开测线仪上的电源开关，如果网线畅通，则测线仪面板上对应的指示灯会逐一闪烁。

图5-38 压线钳

图5-39 测线仪

（三）办公局域网的常见功能

办公局域网的常见功能主要包括远程访问、文件共享、打印共享、网络限制、网络传真、电子邮件收发、客户管理、人事管理、公共信息发布与查询等。

- 远程访问。远程访问是指通过局域网和计算机从任意地点连接到局域网中，访问任意一台计算机，并对计算机进行控制和操作。
- 文件共享。文件共享是指网络内各计算机能够互相访问被设置为共享的文件。与此同时，用户还可将共享文件放到网络服务器中，使服务器能够根据网络管理员分配的访问权限控制各联网计算机可访问的文件目录。
- 打印共享。打印共享的实现使得在每个局域网中只需配置一台或几台打印机，即可满足整个办公网络的打印需求。
- 网络限制。网络限制是指通过设置网络的网速、上网时间和可访问的网站等项目来控制和管理小型网络系统中各个用户的网络使用，从而提升工作效率。
- 网络传真。网络传真使得计算机可以直接将编辑好的传真文稿通过网络发送到对方的传真机上，或传真到对方计算机的传真接收系统上，以提升工作效率。
- 电子邮件收发。基于局域网的电子邮件系统，既便于机构内部的电子邮件传递，又便于通过Internet和其他广域网与外部进行连接，因此被国内外办公自动化系统广泛应用。
- 客户管理。客户管理就是利用计算机网络帮助企业或机构全面掌握客户信息，主要包括客户信息的网上查询和归类等。
- 人事管理。人事管理是指通过人事数据库对人力资源进行管理。
- 公共信息发布与查询。每个企业都需要发布一些公共信息，如通知、通告等，利用网络发布与查询这些信息，既快速又方便。

（四）无线局域网的应用

无线局域网广泛应用于以下领域。
- 移动终端。使用笔记本电脑、平板电脑和智能手机等移动终端设备进行快速网络连接。
- 难以布线的环境。老建筑或布线困难的露天区域、城市建筑群、校园和工厂等。
- 办公用户。办公室和家庭办公用户，以及需要方便快捷地安装小型网络的用户等。
- 用于远距离信息的传输。在林区进行火灾、病虫害等信息的传输，以及公安交通管理部门进行交通管理等。
- 频繁变化的环境。频繁更换工作地点和改变位置的零售商、生产商，以及野外勘测、试验和军事等环境。
- 流动工作者可得到信息的区域。需要在医院、零售商店或办公室区域流动时得到信息的医生、护士、零售商等。
- 专门工程或高峰时间所需的暂时局域网。学校、商业展览、建设地点等人员流动性较强的地方，以及零售商、空运和航运公司高峰时间所需的网络等。

三、任务实施

（一）制作网线

下面使用双绞线制作网线，并采用直接连接法连接双绞线和水晶头，具体操作如下。

微课视频

制作网线

（1）用双绞线压线钳上的剥线口夹断双绞线的外层绝缘皮（注意不要夹断内部的电缆），然后一只手按住双绞线的一端，另一只手剥去已经夹断的双绞线的外层绝缘皮。

（2）剥去外层绝缘皮后，将4对双绞线分开拉直，按绿白、绿、橙白、蓝、蓝白、橙、棕白、棕的顺序将其排列整齐，如图5-40所示。

（3）将所有线紧紧并列在一起后，用压线钳的切线口切去多余的线头，使留下的线的长度约为15mm，因为这样刚好能全部插入水晶头中。

知识提示

双绞线的线序

双绞线的线序标准有两种，分别是：EIA/TIA 568 A 和 EIA/TIA 568 B。其中 EIA/TIA 568 A 的线序为绿白、绿、橙白、蓝、蓝白、橙、棕白、棕；EIA/TIA 568 B 的线序为橙白、橙、绿白、蓝、蓝白、绿、棕白、棕。

（4）握住水晶头，将有弹片的一面朝下，带有金属片的一面朝上，然后将双绞线的线头插入水晶头中，直到从侧面看线头全在金属片下为止。

（5）将水晶头放入双绞线压线钳的压线槽中，用力压下，再将水晶头的8片金属片压下去，刺穿双绞线的八芯包皮，直到二者很好地接触在一起为止，如图5-41所示。

图5-40　排列双绞线线序　　图5-41　制作水晶头

（6）使用同样的方法制作双绞线的另一端。制作完成后，使用测线仪对双绞线进行测试。如果测试结果正常，则表示网线已经制作成功，否则需要重新制作。

多学一招

使用双绞线制作网线

使用直接连接法制作的网线，其两端的水晶头中线序应该一致，同为 EIA/TIA 568 A 或 EIA/TIA 568 B；而使用交叉连接法制作的网线，一端的水晶头中线序为 EIA/TIA 568 A，另一端的水晶头中线序为 EIA/TIA 568 B。直接连接法和交叉连接法适用的网络硬件设备如表 5-1 所示。

表 5-1　不同连接法适用的网络硬件设备

连接法	直接连接法	交叉连接法
适用的硬件设备	计算机—光调制解调器 光调制解调器—路由器的 WAN 接口 计算机—路由器的 LAN 接口 计算机—交换机	计算机—计算机（对等网连接） 交换机—交换机 路由器—路由器

（二）连接网络设备

下面使用网线将计算机、交换机、路由器和光调制解调器等网络设备连接起来，具体操作如下。

（1）将制作好的网线一端的水晶头插入计算机的水晶头接口中。

（2）将连接好计算机的网线另一端的水晶头插入交换机的接口中。

（3）将一条网线一端的水晶头插入交换机的接口中，将网线另一端的水晶头插入路由器的LAN接口中，如图5-42所示。

（4）将一条网线一端的水晶头插入路由器的WAN接口中，将网线另一端的水晶头插入光调制解调器的LAN接口中，如图5-43所示。

微课视频

连接网络设备

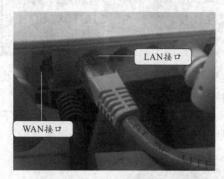

图5-42　连接路由器

图5-43　连接光调制解调器

知识提示

网络接口

路由器的接口有 WAN 接口和 LAN 接口两种类型，其中，WAN 接口用于连接光调制解调器，LAN 接口用于连接其他网络设备和计算机。光调制解调器通常有多个接口，可以直接连接路由器、交换机和计算机。

（三）配置有线网络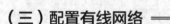

配置有线网络主要有两个重要步骤，一是为路由器设置拨号连接，二是为每台计算机设置单独的IP地址。

微课视频

设置路由器

1. 设置路由器

设置路由器是指为路由器设置拨号上网，具体操作如下。

（1）连接好网络硬件设备后，在计算机中打开浏览器，在地址栏中输入"192.168.0.1"或路由器网址（具体可查看路由器的用户手册），然后按【Enter】键进入路由器的设置界面。

（2）打开"创建管理员密码"界面，在"设置密码"和"确认密码"文本框中输入相同的密码（该密码用于以后管理路由器登录界面），然后单击"确定"按钮，如图5-44所示。

（3）打开"上网设置"界面，此时，路由器会自动检测上网方式。通常用户需要在"上网方式"下拉列表框中选择"宽带拨号上网""PPPoE（虚拟拨号）"或者"让路由器自动选择上网方式"等选项。

（4）在"宽带账号"和"宽带密码"文本框中输入账号和密码，然后单击"下一步"按钮，如图5-45所示。

（5）设置路由器的IP地址，通常选择"自动获得IP地址"选项，然后单击"下一步"按钮，如图5-46所示。

（6）在确认这些设置无误的情况下，保存设置并退出路由器设置界面。

图5-44　创建管理员密码

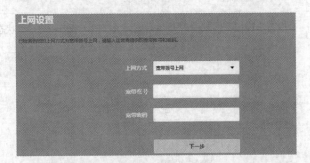

图5-45　输入宽带账号和密码

图5-46　网上设置

2．为计算机设置IP地址

设置好路由器后，接下来为计算机设置IP地址，并将其连接到Internet中，具体操作如下。

（1）单击"开始"按钮，在打开的"开始"菜单中单击"设置"按钮，打开"设置"窗口，在其中单击"网络和Internet"链接，如图5-47所示。

（2）打开"状态"界面，在其中单击"网络和共享中心"链接，如图5-48所示。

（3）打开"网络和共享中心"窗口，在"查看活动网络"栏中单击"以太网"链接，如图5-49所示。

（4）打开"以太网 状态"对话框，在其中单击"属性"按钮，如图5-50所示。

（5）打开"以太网 属性"对话框，在"此连接使用下列项目"列表框中选择"Internet协议版本4（TCP/IPv4）"选项，然后单击"属性"按钮，如图5-51所示。

（6）打开"Internet协议版本4（TCP/IPv4）属性"对话框，选中"使用下面的IP地址"单选项，然后在"IP地址"文本框中为计算机设置一个IP地址，接着输入子网

123

掩码、默认网关和首选DNS服务器地址，最后单击"确定"按钮，如图5-52所示。

图5-47　"设置"窗口

图5-48　"状态"界面

图5-49　"网络和共享中心"窗口

图5-50　查看以太网状态

图5-51　选择网络协议

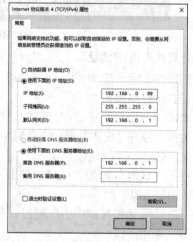

图5-52　设置IP地址

（四）配置无线网络

配置无线网络也有两个重要步骤，一是打开路由器的无线功能并进行设置，二是为计算机设置单独的IP地址，具体操作如下。

（1）连接好无线网络设备后，在浏览器的地址栏中输入"192.168.0.1"或者路由器网址，按【Enter】键打开路由器的设置界面，在"密码"文本框中输入设置的管理员密码，然后单击"确定"按钮进入"路由设置"窗口。

（2）单击"无线设置"选项卡，进入"无线设置"界面，开启路由器的无线功能，在其中设置并保存无线网络的名称和密码后，再退出"路由设置"窗口，如图5-53所示。

图5-53　设置无线路由器

（3）在笔记本电脑或装有无线网卡的台式机中打开"网络和共享中心"窗口，在"查看活动网络"栏中单击无线网络连接对应的链接，打开其状态对话框，在其中设置IP地址。

微课视频

配置共享连接在路由器上的打印机

（五）配置共享连接在路由器上的打印机

　　共享连接在路由器上的打印机是目前较为常用的一种网络共享服务，但需要打印机具备网络功能。下面以联想（Lenovo)打印机为例，介绍在计算机中配置共享一台连接在路由器上的打印机，具体操作如下。

（1）通过网线将打印机连接到路由器的LAN口，然后启动打印机，按照说明书的介绍直接在打印机上操作，并为其设置一个IP地址（如果将打印机设置为自动获取IP地址，则每次启动时，其IP地址都会自动重新分配，局域网中的其他设备也都需要重新连接打印机，所以最好为打印机设置固定的IP地址）。

（2）从打印机的官方网站中下载该型号打印机的驱动程序，然后启动该程序，进入打印机驱动程序安装的"许可证协议"界面，单击"是"按钮，如图5-54所示。

（3）打开"安装类型"界面，选中"标准"单选项，然后单击"下一步"按钮，如图5-55所示。

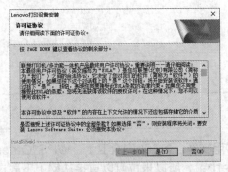

图5-54　同意许可证协议

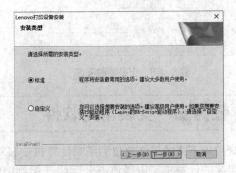

图5-55　选择安装类型

（4）打开"选择连接"界面，选中"Lenovo对等网络打印机"单选项，然后单击"下一步"按钮，如图5-56所示。

（5）打开"选择想要安装的Lenovo设备"界面，在下面的列表框中选择设置好IP地址的打印机，并单击"下一步"按钮，如图5-57所示。

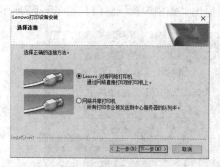

图5-56　选择连接方式

图5-57　选择打印机

多学一招　　　　**其他配置共享打印机的方法**

在"Windows 设置"窗口中单击"设备"链接，在打开的窗口左侧的"设备"栏中单击"打印机和扫描仪"选项卡，在右侧的"打印机和扫描仪"栏中选择"添加打印机或扫描仪"选项，然后在下方的列表中选择共享打印机对应的选项，安装该打印机的驱动程序后，也可以配置共享打印机。

（6）打开"安装状态"界面，其中显示了安装进度，如图5-58所示。

（7）安装完成后将打开"完成设置"界面，提示驱动程序安装完成，选中"设为默认打印机（该设置将应用到当前的用户。）"复选框，再单击"完成"按钮，如图5-59所示。

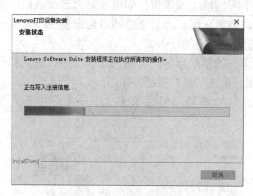

图5-58　安装驱动程序

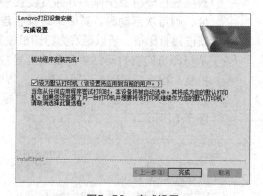

图5-59　完成设置

任务三　安装常用软件

米拉接下来的工作就是为所有计算机安装常用软件，如360安全卫士、WPS Office等。由于组装的计算机可以通过办公网络连接到Internet，所以米拉可以直接从网上下载这些软件，然后进行安装。

一、任务目标

本任务将讲解安装常用软件的相关操作。通过本任务的学习，可以掌握计算机中各种软件的安装方法。

二、相关知识

安装常用软件前，还需要了解一些基本知识，如获取和安装软件的方式、软件的版本，以及装机常用软件等。

（一）获取和安装软件的方式

在计算机中安装软件时，用户首先需要获取软件，然后通过不同的方式来安装。

1. 软件的获取途径

常用软件的获取途径主要有两种，分别是从网上下载和购买软件安装光盘。

- 从网上下载。许多软件开发商会在自己的官方网站中发布软件的安装文件和升级文件，用户只需到软件的官方网站中查找并下载这些安装文件即可。
- 购买软件安装光盘。用户可到正规的软件商店或从网上购买正版的软件安装光盘。

2. 选择软件的安装方式

软件安装主要是指将软件安装到计算机中。由于软件的获取途径主要有两种，所以其安装方式也主要包括两种，分别是通过向导安装和解压安装。

- 通过向导安装。在软件专卖店购买的软件均需要采用向导安装的方式安装。这种安装方式的特点是运行相应的可执行文件以启动安装向导，然后在安装向导的提示下进行安装。
- 解压安装。从网上下载的软件很多都是压缩包文件。对于这类软件，用户使用解压缩软件将压缩包文件解压到一个目录后，部分软件需要通过安装向导进行安装，而另一部分软件（如"绿色软件"）直接运行主程序就可启动。

（二）软件的版本

了解软件的版本有助于选择适合的软件，常见的软件版本主要包括以下4种。

- 测试版。测试版表示软件还在开发中，其各项功能并不完善，也不稳定。开发者会根据使用测试版的用户反馈的信息对软件进行修改。通常这类软件会在软件名称后面注明是测试版或Beta版。
- 试用版。试用版是软件开发者将正式版软件有限制地提供给用户使用的版本，如果用户觉得软件符合使用要求，就可以通过付费的方法解除限制。试用版又分为全功能限时版和功能限制版两种类型。
- 正式版。正式版是正式上市，用户通过购买即可使用的版本，它一般经过了开发者的多次测试，已能稳定运行。对于普通用户来说，应该尽量选用正式版的软件。
- 升级版。升级版是软件上市一段时间后，软件开发者在原有功能的基础上增加部分功能，并修复已经发现的错误和漏洞，然后推出的更新版本。安装升级版需要先安装软件的正式版，然后在其基础上安装更新或"补丁"程序。

（三）装机常用软件

无论是家用还是办公，都有一些软件是安装概率较高的，如以下8个类型。

- 安全杀毒。360安全卫士、360杀毒、Avira AntiVir（小红伞）和江民杀毒软件等。
- 输入法。搜狗五笔输入法、万能五笔输入法、QQ拼音输入法和搜狗拼音输入法等。

- 网络视频。爱奇艺、腾讯视频和优酷等。
- 办公学习。Microsoft Office、WPS Office、钉钉和腾讯会议等。
- 系统辅助。360压缩、鲁大师、360软件管家和360驱动大师等。
- 下载工具。迅雷、比特彗星和电驴等。
- 通信工具。微信、腾讯QQ和阿里旺旺等。
- 浏览器。360安全浏览器、Firefox浏览器等。

三、任务实施

（一）从网上下载并安装屏幕录像软件

组装好的计算机中可以安装多种类型的软件来满足日常生活或工作的需求。例如，保护计算机的杀毒软件、浏览网页的浏览器软件、输入文字的输入法软件、办公学习的文档制作软件、信息交流的聊天软件、日常娱乐的视频和音乐播放软件、系统辅助的压缩软件、数据下载的下载软件等。下面从网上下载并安装一款屏幕录像软件，具体操作如下。

微课视频

从网上下载并安装屏幕录像软件

（1）打开屏幕录像软件的下载页面，单击"免费下载"按钮，如图5-60所示。

（2）打开"新建下载任务"对话框，设置安装程序的名称和保存位置后，单击"下载"按钮，如图5-61所示。

图5-60 下载软件

图5-61 设置下载选项

（3）下载完毕，找到并双击下载的安装程序，打开软件的安装向导，选中"已同意《用户许可协议》"复选框，再单击"立即安装"按钮，如图5-62所示。

（4）软件将自动安装到计算机中，并在图5-63所示的对话框中显示"安装完成"字样，单击"立即体验"按钮，便可启动软件。

图5-62 安装软件

图5-63 完成软件安装

（二）使用 360 软件管家下载并安装软件

从网上下载并安装软件是常用的软件安装方法，但这需要用户找到每一个软件的正确下载地址，然后逐个下载并安装。对全新组装的计算机而言，需要安装的软件很多，为了提升安装效率，可以先下载一个专业的下载和安装软件的软件，然后通过这个软件来安装常用软件。下面使用360软件管家下载并安装微信，具体操作如下。

（1）启动360安全卫士，在其操作界面中单击"软件管家"按钮，如图5-64所示。

（2）打开360软件管家的操作界面，单击"宝库"选项卡，在左侧的任务窗格中单击"聊天工具"选项卡，在右侧显示的聊天工具列表框中找到微信所在的选项，然后单击该选项右侧的"一键安装"按钮，如图5-65所示。

图5-64　单击"软件管家"按钮

图5-65　选择要安装的软件

（3）360软件管家将开始下载微信的安装程序，并显示下载进度，如图5-66所示。

（4）安装程序下载完成后，360软件管家会自动安装软件，并显示安装进度，如图5-67所示。

图5-66　下载安装程序

图5-67　自动安装软件

（5）安装完成后，该软件对应选项右侧的按钮为"立即开启"，单击该按钮即可启动该软件。

多学一招　　　　　　　**自定义安装软件**

　　在360软件管家中单击"一键安装"按钮右侧的下拉按钮，在弹出的下拉列表中选择"下载安装包"选项，下载完成后，单击右上角的"下载"按钮，在打开的"下载管理"对话框中单击"打开下载目录"链接，将打开刚刚下载的安装程序所在的文件夹，双击该安装程序，即可自定义安装软件。

实训：　安装国产银河麒麟操作系统

一、实训目标

　　本实训的目标是使用U盘下载国产的银河麒麟操作系统，并利用U盘启动计算机，将银河麒麟操作系统安装到计算机中。

二、专业背景

　　银河麒麟操作系统是"863计划"的重大攻关科研项目，研发银河麒麟操作系统的目的是生产一套具有自主知识产权的国产操作系统。银河麒麟操作系统具有高安全、高可靠、高可用、跨平台等特点，且支持国产龙芯、飞腾和鲲鹏等CPU，是目前国内安全系数非常高的国产操作系统。

三、操作思路

　　完成本实训主要包括下载安装程序和安装操作系统两大步骤，其操作思路如图5-68所示。

①下载安装程序

②安装操作系统

图5-68　安装国产银河麒麟操作系统的操作思路

【步骤提示】

（1）制作U盘启动盘，然后从网上将银河麒麟操作系统V10版的ISO镜像文件下载到U盘中。

（2）使用U盘启动计算机，再打开银河麒麟操作系统的安装程序。

（3）选择安装的语言，然后选择"从Live安装"的安装方式。

（4）同意许可协议，选择默认的安装方式。

微课视频
安装国产银河麒麟操作系统

（5）创建账户和密码后，将开始安装操作系统。

（6）安装完成后，重新启动计算机，输入创建的账户和密码进入操作系统界面。

课后练习

本项目主要介绍了安装操作系统和常用软件，以及连接和设置办公网络等知识。对于本项目的内容，读者应认真学习和掌握。

（1）制作一个U盘启动盘。

（2）在一台笔记本电脑中安装Windows 10操作系统。

（3）从网上下载一款国产操作系统，并将其安装到计算机中。

（4）在新安装了操作系统的笔记本电脑中连接并设置无线网络。

（5）在计算机中安装WPS Office办公软件。

（6）试着在计算机中安装360安全卫士，并使用360软件管家卸载一些软件。

技能提升

（一）了解国产操作系统

随着互联网信息技术和移动通信技术的快速发展和普及，国产操作系统也得到了较快的发展。国产操作系统主要是以Linux为基础进行二次开发的操作系统，其目标是打破国外操作系统的垄断，代表系统有银河麒麟、红旗Linux、中兴新支点、deepin（深度）、中标麒麟Linux、AliOS（阿里云系统）、一铭操作系统和HarmonyOS（鸿蒙系统）等。目前，国产操作系统在易用性、价格等方面已经具备了自己的优势，在天问一号、嫦娥五号等"大国重器"中也出现了国产操作系统的身影，并在航空航天、发电配电、高铁飞机等各个重要领域广泛应用。随着HarmonyOS在移动端的普及，国产操作系统有望在未来实现操作系统的国产化替代。

（二）更新常用软件

更新软件一般是指安装软件的最新版本，用户可以使用360软件管家进行软件的升级更新，具体操作为：打开360软件管家的主界面，单击"升级"选项卡，在需要更新的软件选项右侧单击"一键升级"或"升级"按钮，如图5-69所示，然后软件将自动升级，或按照升级向导的提示进行操作即可完成软件的更新。

图5-69　更新软件

（三）5G和Wi-Fi

5G是指第五代移动通信技术，是4G的再发展，是一种广域网技术。Wi-Fi是一种无线局域网技术，无线局域网技术被称为WLAN，比较常见的无线局域网技术包括Wi-Fi和蓝牙技术等。本项目中提到的无线网络通常是指使用Wi-Fi无线局域网。

5G的广域覆盖由宏基站来完成，室内部分则由小基站和5G室内分布系统组成。从技术发展的角度来看，当未来小基站进入个人家庭后，5G很有可能代替Wi-Fi。

（四）笔记本电脑连接无线网络

笔记本电脑连接无线网络时，首先需要在笔记本电脑中打开无线网卡，且使笔记本电脑处于无线网络的信号范围内（也就是通常所说的"有Wi-Fi"）；然后单击"开始"按钮，在打开的"开始"菜单中选择"控制面板"选项，打开"控制面板"窗口，在"网络和Internet"选项中单击"查看网络状态和任务"链接，打开"网络和共享中心"窗口；在"更改网络设置"栏中单击"设置新的连接或网络"链接，打开"设置连接或网络"对话框，在"选择一个连接选项"栏中选择"连接到Internet"选项，并单击"下一步"按钮，打开"您想如何连接"对话框，在其中选择"无线"选项后，计算机将开始搜索无线网络，并在操作系统桌面右下角的通知栏中显示搜索到的无线网络；最后选择需要连接的无线网络，单击"连接"按钮接入Internet。如果该无线网络设置了密码，则会打开"键入网络安全密钥"对话框，在"安全密钥"文本框中输入密码后，再单击"确定"按钮，即可连接到Internet。

（五）安装和升级驱动程序

操作系统自带的驱动程序可能不完整或者版本较低，所以在安装完应用软件后，用户可以通过专业的驱动程序软件来安装和升级驱动程序。例如，使用360驱动大师安装声卡驱动程序和升级网卡驱动程序，具体操作为：启动360安全卫士，在其操作界面中单击"驱动大师"按钮，360安全卫士将自动安装并打开360驱动大师，然后单击"驱动安装"选项卡，使360驱动大师扫描计算机中的硬件，及其驱动程序的相关信息等。扫描完成后，360驱动大师将显示计算机中硬件驱动程序的情况，并显示需要安装或升级驱动程序的硬件信息，这里先找到需要安装的声卡驱动程序对应的选项，选中其左侧对应的复选框，然后单击右侧的"安装"按钮，360驱动大师将自动下载声卡的驱动程序并进行安装。驱动程序安装完成后，系统将提示安装成功。在360驱动大师的操作界面中可查看可以升级的驱动程序，在有线网卡对应的选项右侧单击"升级"按钮，360驱动大师将自动下载并安装网卡的驱动升级程序，网卡的驱动升级程序安装完成后，系统将提示安装成功，如图5-70所示。

图5-70　安装和升级驱动程序

项目六
备份、还原与优化操作系统

情景导入

老洪给米拉提了一个建议，在组装好计算机并安装好操作系统和常用软件后，可以对计算机系统进行备份和优化，以便系统出现故障时，可以利用备份将计算机系统快速恢复到备份时的正常状态，并通过优化操作系统来提升计算机的工作效率。

学习目标

- 掌握备份与还原操作系统的相关操作。

如利用 Ghost 软件备份操作系统、利用 Ghost 软件还原操作系统等。

- 掌握优化操作系统的相关操作。

如备份与还原注册表、利用专业软件优化操作系统等。

素质目标

- 增强网络安全防范意识。

如备份操作系统、为系统安装漏洞补丁、安装安全防护软件等，以提升计算机应对病毒和网络攻击的能力。

- 建设安全、和谐的计算机网络环境。

如抵制各种"网络垃圾"、清理计算机中的"垃圾文件"、保护计算机中的重要数据等。

////// 任务一　备份和还原操作系统

老洪告诉米拉，在安装完操作系统和常用软件后，最好将系统进行一次备份，一旦计算机出现问题，还原系统可省去重装操作系统、重装驱动程序、重装应用软件等操作。

一、任务目标

本任务将介绍使用Ghost备份和还原操作系统。通过本任务的学习，可以掌握备份和还原操作系统的相关知识。

二、相关知识

备份和还原操作系统属于组装计算机的工作，也可以作为计算机维护的相关工作。

（一）了解 Ghost

　　Ghost是一款专业的系统备份和还原软件，它可以用来将某个磁盘分区或整个硬盘的内容完全镜像复制到另外的磁盘分区和硬盘上，或将其压缩为镜像文件。使用Ghost备份与恢复系统的操作通常都在DOS状态中进行。Ghost功能强大、使用方便，但多数版本只能在DOS状态下运行，Windows PE操作系统也自带了Ghost软件，用户在通过U盘启动计算机后，即可利用Ghost备份系统。

（二）认识系统还原

　　系统还原就是把计算机的操作系统恢复到以前的正常状态，备份和还原操作系统是系统还原的两大主要操作。系统还原功能最早出现在Windows系列的操作系统中，首先需要手动或自动对某个时间点的操作系统进行备份，然后在另一个时间点将操作系统还原到备份时间点的状态。系统还原功能的优势在于用户可以在不重新安装操作系统，也不破坏数据文件的前提下使系统回到备份时间点的正常工作状态。

知识提示　　　　**Windows 10操作系统自带的系统还原功能**

　　Windows 10 操作系统也提供了系统备份和还原功能，用户可以通过该功能直接将各硬盘分区中的数据备份到一个隐藏的文件夹中作为还原点，以便在计算机出现问题时，能够快速将各硬盘分区还原至备份前的状态。但这个功能有一个缺陷，就是在 Windows 操作系统无法启动时，用户将无法还原系统。同时由于该功能要占用大量的磁盘空间，所以建议磁盘空间有限的用户关闭该功能。

三、任务实施

（一）备份操作系统

　　备份操作系统最好在安装完驱动程序后进行，因为此时的系统最"干净"，也最不容易出现问题。另外，用户也可在安装完各种软件并连接网络后再进行备份，因为这样在还原系统时可省略重装驱动程序、重装应用软件等很多操作。下面使用U盘启动计算机，并通过Windows PE操作系统中的Ghost软件备份操作系统，具体操作如下。

微课视频

备份操作系统

　　（1）使用U盘启动计算机，进入Windows PE操作系统后，选择"开始"/"Ghost 11.5.1"选项，以启动Ghost软件。

　　（2）在打开的Ghost主界面中显示了软件的基本信息，在其中单击"OK"按钮，如图6-1所示。

　　（3）在打开的Ghost界面中选择"Local"/"Partition"/"To Image"命令，如图6-2所示。

　　（4）在打开的对话框中选择操作系统所在的硬盘（在有多个硬盘的情况下需谨慎选择），这里选择第一个固态盘，然后单击"OK"按钮，如图6-3所示。

　　（5）在打开的对话框中选择操作系统所在的分区，这里选择系统盘分区C，然后单击"OK"按钮，如图6-4所示。

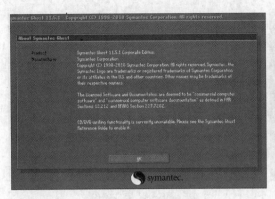

图6-1 Ghost主界面

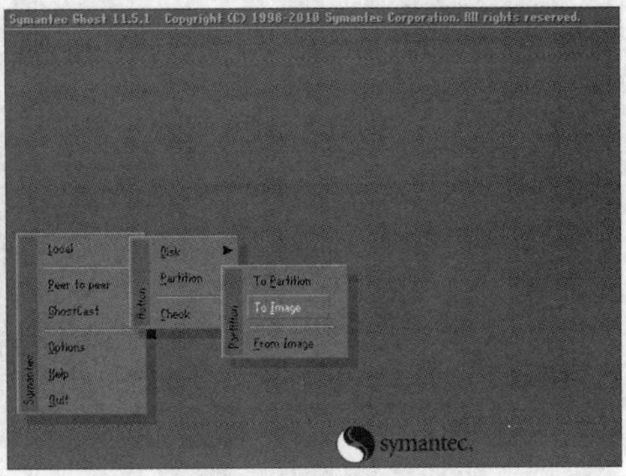

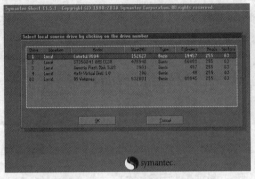

图6-2 选择命令

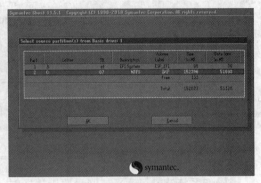

图6-3 选择要备份的硬盘

图6-4 选择系统盘分区

（6）在打开的对话框中设置备份文件的保存位置，这里选择D盘，并在"File name"
文本框中输入"Win10"作为备份文件的名称，然后单击"Save"按钮，如图6-5
所示。

（7）在打开的对话框中设置备份文件的压缩方式，这里单击"Fast"按钮，如图6-6
所示。

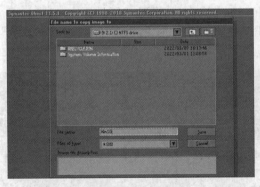

图6-5 设置备份文件的保存位置和文件名

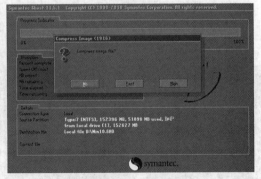

图6-6 选择压缩方式

（8）在打开的对话框中要求用户确认备份操作，这里单击"Yes"按钮，如图6-7所示。

（9）Ghost开始备份，并显示备份的进度等相关信息。一段时间后，弹出提示对话框，
显示备份创建成功，然后单击"Continue"按钮，如图6-8所示，返回Ghost主界
面，完成备份操作系统的操作。

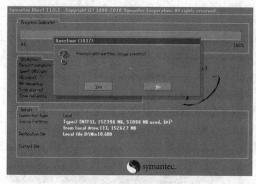

图6-7　确认备份操作

图6-8　完成备份

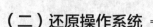

多学一招

Ghost的键盘操作

　　【Tab】键主要用于切换界面中的各个项目，当用户按下【Tab】键激活某个项目后，该项目将呈高亮显示状态。为了便于操作，在Ghost中还可以使用热键，如果界面中的某些命令或按钮名称的某个字母有一条下划线，如"OK"按钮，其热键就为"O"，此时按【Alt+O】组合键的作用就相当于单击"OK"按钮。

（二）还原操作系统

　　当操作系统感染了病毒或遭受严重损坏时，用户就可以使用Ghost通过备份的镜像文件快速恢复系统，重塑一个健全的操作系统。下面使用前面备份的Ghost文件还原操作系统，具体操作如下。

> 微课视频
>
> 还原操作系统

　　（1）使用U盘启动计算机，进入Windows PE操作系统后，选择"开始"/"Ghost 11.5.1"选项，启动Ghost软件。

　　（2）在打开的Ghost主界面中显示了软件的基本信息，在其中单击"OK"按钮，然后在打开的Ghost界面中选择"Local"/"Partition"/"From Image"命令，如图6-9所示。

　　（3）在打开的对话框中选择要还原的备份文件，如图6-10所示，然后单击"Open"按钮。

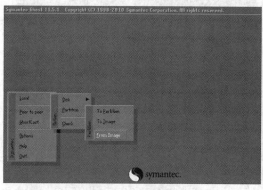

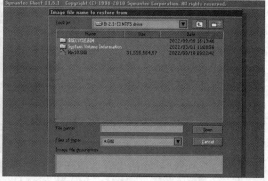

图6-9　选择命令

图6-10　选择要还原的备份文件

知识提示

Ghost备份文件的保存

Ghost 备份文件最好保存在计算机硬盘的最后一个分区，或者移动存储器中，因为这样可以保证系统还原功能正常进行。

（4）在打开的对话框中选择要还原系统的硬盘，这里选择作为系统盘的固态盘，然后单击"OK"按钮，如图6-11所示。

（5）在打开的对话框中选择备份文件还原到的分区，然后单击"OK"按钮，如图6-12所示。

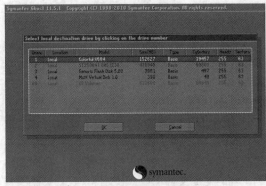

图6-11 选择要还原的硬盘

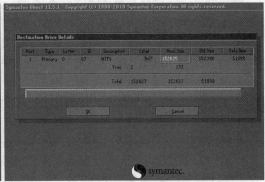

图6-12 选择还原到的分区

（6）在打开的对话框中要求用户确认还原操作，这里单击"Yes"按钮，如图6-13所示。

（7）Ghost将开始还原，并显示还原进度等相关信息。一段时间后，将弹出提示对话框，显示还原成功，然后单击"Reset Computer"按钮，如图6-14所示。

（8）将U盘取出，重新启动计算机，计算机成功恢复到备份时的状态，完成还原操作系统的操作。

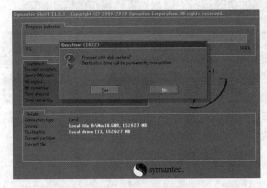

图6-13 确认还原操作

图6-14 还原成功

任务二 优化操作系统

在备份完操作系统之后，老洪还建议米拉对计算机进行优化，特别是优化操作系统。这是因为计算机只能按照设计的程序运行，并不能分辨这些程序的好坏，所以需要人为对操作系统进行优化，以提升操作系统的性能和计算机的工作效率。

一、任务目标

本任务将介绍对Windows 10操作系统进行优化设置的基本知识，包括备份和还原注册表、手动优化Windows 10操作系统和使用Windows优化大师优化操作系统等。

二、相关知识

优化操作系统主要是指对Windows的一些不当设置进行修改，以优化计算机的运行。

（一）手动优化操作系统

手动优化操作系统就是清理操作系统中的各种"垃圾"，并通过设置达到维护计算机的目的。其主要操作包括以下4项。

- 卸载不常用的程序。几乎所有程序的默认安装路径都是"C:\Program Files"，如果都这样安装，就会占用操作系统很多的可用空间。即使安装在其他磁盘分区中，也会在注册表中写入很多的信息，这同样会占用操作系统的可用空间。所以，在进行优化时，可以将不常用的程序卸载，以释放出可用的磁盘空间。
- 清理垃圾文件。在使用计算机一段时间后，系统中会生成各种各样的垃圾文件，这些文件主要是安装程序产生的临时文件等，它们对计算机已经没有任何用处了，其存在只会影响计算机的运行效率。垃圾文件包括临时文件（如.tmp文件、._mp文件）、临时备份文件（如.bak文件、.old文件、.syd文件）、临时帮助文件（如.gid文件）、安装临时文件（如mscreate.dir）、磁盘检查数据文件（如.chk文件）和其他文件（如.dir文件、.dmp文件、.nch文件）等。
- 移动临时文件夹。临时文件随时都在产生，也不可能做到随时删除，所以最好的办法就是在进行操作系统维护时，将临时文件夹移动到其他硬盘分区中，使其既不影响操作系统，又方便定时清理。
- 优化开机速度。某些软件在安装之后会默认随操作系统的启动而自动运行（病毒程序和恶意破坏程序也是），这会使操作系统的启动速度变慢。此时，用户可以在"系统配置"对话框中设置相关选项，关闭这些程序的自动运行，以加快操作系统的启动速度。

（二）认识注册表

注册表编辑器程序（regedit.exe）的主要功能是管理Windows操作系统的注册表。注册表实质上是一个庞大的数据库，它的存储内容包括软、硬件的有关配置和状态信息，应用程序和资源管理器外壳的初始条件、首选项和卸载数据，计算机整个系统的设置和各种许可，文件扩展名与应用程序的关联，硬件的描述、状态和属性，计算机性能记录和底层的系统状态信息，以及各类其他数据。此外，Windows优化大师等系统优化软件也具有注册表备份功能。

三、任务实施

（一）备份注册表

下面介绍通过注册表编辑器程序备份注册表，具体操作如下。

（1）单击"开始"按钮，在打开的"开始"菜单中选择"Windows系统"选项，在打开的子菜单中选择"运行"选项；打开"运行"对话框，在"打开"文本框中输入"regedit"，并单击

微课视频

备份注册表

"确定"按钮，如图6-15所示。

（2）打开"注册表编辑器"窗口，在左侧的任务窗格中选择"HKEY_CLASSES_ROOT"选项，如图6-16所示。

图6-15 "运行"对话框

图6-16 选择备份项

（3）选择"文件"/"导出"命令，如图6-17所示。

（4）打开"导出注册表文件"对话框，选择注册表备份文件的保存位置后，在"文件名"文本框中输入"root"，然后单击"保存"按钮，如图6-18所示。

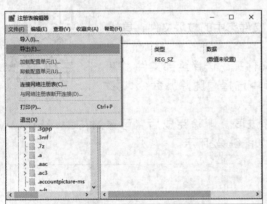

图6-17 选择"导出"命令

图6-18 设置备份的保存位置和文件名

（5）Windows 10操作系统将按照前面的设置对注册表的"HKEY_CLASSES_ROOT"选项进行备份，并将其保存为.reg文件，用户可在设置的保存文件夹中查看"root.reg"文件。

（二）还原注册表

当需要恢复注册表时，用户还可以使用注册表编辑器程序还原注册表，具体操作如下。

（1）打开"注册表编辑器"窗口，选择"文件"/"导入"命令，如图6-19所示。

（2）打开"导入注册表文件"对话框，选择已经备份的注册表文件，这里选择"root"文件，然后单击"打开"按钮，如图6-20所示。

微课视频

还原注册表

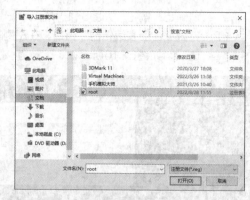

图6-19　选择"导入"命令 　　　　　　　图6-20　选择已备份的注册表文件

（3）Windows 10操作系统将开始还原注册表，并显示还原进度。一段时间后，计算机将恢复到注册表备份时的状态，完成还原注册表的操作。

（三）优化Windows 10操作系统

优化Windows 10操作系统的常用操作包括清理垃圾文件、设置内核、优化系统启动项、加快系统的关机速度和优化系统服务等。

1．清理垃圾文件

下面介绍删除"C:\Windows\Temp"文件夹中的垃圾文件，具体操作如下。

（1）打开"C:\Windows\Temp"文件夹，选择全部文件，单击鼠标右键，在弹出的快捷菜单中选择"删除"命令，如图6-21所示。

（2）系统开始删除文件，并显示删除进度。删除完成后，可看到"C:\Windows\Temp"文件夹中没有任何文件，如图6-22所示。

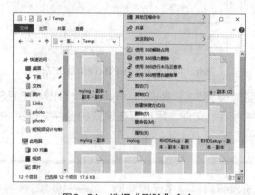

图6-21　选择"删除"命令 　　　　　　　图6-22　删除后的文件夹

2．设置内核

Windows 10操作系统默认使用一个CPU启动，目前市面上的计算机大多数都使用多核心CPU，因此，用户可以设置内核来提高操作系统的启动速度，具体操作如下。

（1）按【Win+R】组合键，打开"运行"对话框，在"打开"文本框中输入"msconfig"，并单击"确定"按钮，如图6-23所示。

（2）打开"系统配置"对话框，单击"引导"选项卡，再单击"高级选项"按钮，如图6-24所示。

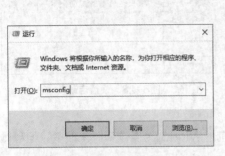

图6-23　输入程序名称

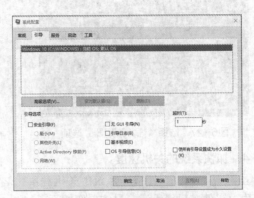

图6-24　"系统配置"对话框

（3）打开"引导高级选项"对话框，选中"处理器个数"复选框，并在其下方的下拉列表框中设置最大的处理器数为"2"，然后选中"最大内存"复选框，在其下方的数值框中输入最大内存值为"4028"，最后单击"确定"按钮，如图6-25所示。

（4）返回"系统配置"对话框，单击"确定"按钮，打开"系统配置"提示框，要求用户重新启动计算机以应用设置，单击"重新启动"按钮，如图6-26所示。

图6-25　设置内核

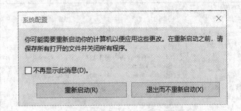

图6-26　重启计算机

3. 优化系统启动项

用户在安装各种应用程序的过程中，一些程序会默认加入系统启动项，这会影响计算机的开机速度。在Windows 10操作系统中，用户可以设置相关选项来关闭这些自动运行的程序，以加快操作系统的启动速度，具体操作如下。

微课视频

优化系统启动项

（1）单击"开始"按钮，在打开的"开始"菜单中选择"Windows系统"选项，在打开的子菜单中选择"任务管理器"选项，如图6-27所示。

（2）打开"任务管理器"窗口，单击"启动"选项卡，下方的列表框中列出了随系统启动而自动运行的程序，在其中选择好不需要自动启动的程序后，单击"禁用"按钮，如图6-28所示。

图6-27 选择"任务管理器"选项　　　　图6-28 设置启动项

4. 加快系统的关机速度

虽然Windows 10操作系统的关机速度比之前的Windows操作系统快很多，但稍微修改注册表可以使关机更迅速，具体操作如下。

（1）按【Win+R】组合键，打开"运行"对话框，在"打开"文本框中输入"regedit"，单击"确定"按钮。

（2）打开"注册表编辑器"窗口，在左侧的任务窗格中展开"HKEY_LOCAL_MACHINE\SYSTEM\CurrentControlSet\Control"，在右侧列表框的"WaitToKillServiceTimeout"选项上单击鼠标右键，在弹出的快捷菜单中选择"修改"命令，如图6-29所示。

微课视频
加快系统关机速度

（3）打开"编辑字符串"对话框，在"数值数据"文本框中输入"2000"，然后单击"确定"按钮，如图6-30所示。

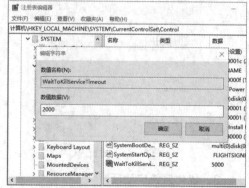

图6-29 选择"修改"命令　　　　图6-30 设置键值

知识提示

设置Windows 10操作系统的关机速度

代表Windows 10操作系统默认关机速度的"WaitToKillService Timeout"字符串的数值是"12000"（代表12秒），用户可以将其设置为更小的值，以加快关机速度。

5. 优化系统服务

Windows操作系统在启动时，系统会自动加载很多在系统和网络中发挥很大作用的服务，但这些服务并不都适合用户，因此有必要将一些不需要的服务关闭以节约内存资源，同时加快计算机的启动速度。另外，优化系统服务的主动权应该掌握在用户自己手中，因为每个系统服务的使用都需要依个人的实际使用情况来确定。下面关闭系统搜索索引服务（Windows Search），具体操作如下。

（1）单击"开始"按钮，在打开的"开始"菜单中选择"Windows
管理工具"选项，在打开的子菜单中选择"服务"选项，如
图6-31所示。

（2）打开"服务"窗口，在右侧的"服务（本地）"列表框中选
择"Windows Search"选项，然后单击"停止"链接，如
图6-32所示。

微课视频

优化系统服务

图6-31　选择"服务"命令

图6-32　选择操作

（3）Windows操作系统开始停止该项服务，并显示停止进度，如图6-33所示。

（4）服务停止后，只有单击"启动"链接才能重新启动该项服务，如图6-34所示。

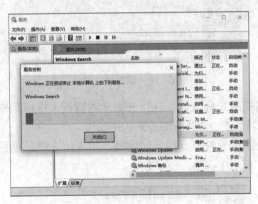
图6-33　停止服务

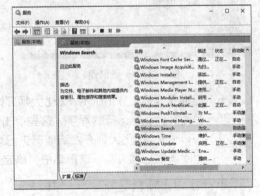
图6-34　重新启动该服务

（四）使用Windows优化大师优化操作系统

Windows操作系统的许多默认设置并不是最优设置，在使用一段
时间后，难免会出现系统性能下降、频繁出现故障等情况，这时就需要
使用专业的操作系统优化软件（如Windows优化大师）来对系统进行优
化与维护。下面介绍使用Windows优化大师的自动优化功能优化操作系
统，具体操作如下。

（1）启动Windows优化大师，软件将自动进入一键优化窗口，然

微课视频

使用Windows优化
大师优化操作系统

后在其中单击"一键优化"按钮，如图6-35所示。

（2）Windows优化大师将开始优化系统，并在窗口下方显示优化进度，如图6-36所示。

图6-35　一键优化窗口
图6-36　一键优化 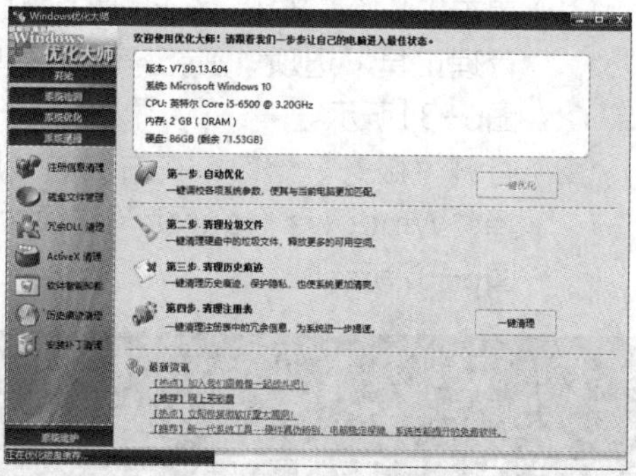

（3）优化完成后，窗口下方的进度条中显示"完成'一键优化'操作。"字样。然后单击"一键清理"按钮，如图6-37所示。

（4）Windows优化大师开始扫描系统垃圾，并准备待分析的目录，如图6-38所示。

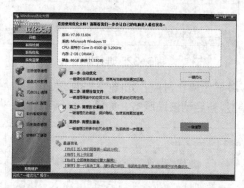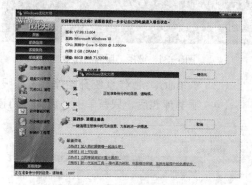

图6-37　一键清理
图6-38　清理垃圾文件

（5）扫描完成后，Windows优化大师开始删除垃圾文件，并打开提示对话框，提示用户关闭其他正在运行的程序，这里单击"确定"按钮，如图6-39所示。

（6）Windows优化大师开始清理历史记录痕迹，并打开提示对话框，要求用户确认是否删除历史记录痕迹，这里单击"确定"按钮，如图6-40所示。

图6-39　关闭其他正在运行的程序
图6-40　删除历史记录痕迹

（7）Windows优化大师开始清理注册表，并打开提示对话框，要求用户对注册表进行备份，由于前面已经对注册表进行过备份，所以这里单击"否"按钮，如图6-41所示。

（8）Windows优化大师打开提示对话框，提示用户是否删除扫描到的注册表信息，这里单击"确定"按钮，如图6-42所示。

图6-41　提示备份注册表

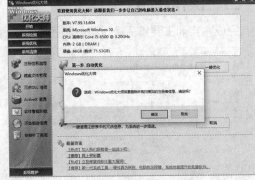
图6-42　清理注册表信息

（9）Windows优化大师完成计算机的所有优化操作后，将在操作界面左下方显示"完成'一键清理'操作。"字样，单击"关闭"按钮后，将打开提示对话框，要求用户重新启动计算机使设置生效，这里单击"确定"按钮，如图6-43所示。

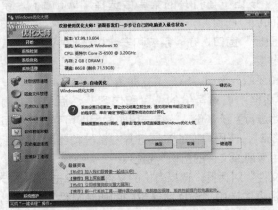
图6-43　完成优化

实训：使用Windows10操作系统自带的功能备份和还原操作系统

一、实训目标

本实训的目标是使用Windows 10操作系统自带的系统备份与还原功能来对操作系统进行备份和还原，以使读者进一步加深对备份和还原操作系统的认识。

二、专业背景

如果没有备份操作系统，一旦计算机系统出现了非硬件的重大故障导致无法开机时，很多人就会选择重新安装操作系统，这样做既费时又麻烦，且所有驱动程序和软件都得重新安装，系统盘上保留的重要文件或重要数据也都会被删除。如果用户对操作系统进行了备份，则可以避免出现这些情况。Windows 10操作系统自带的系统还原功能虽然可以还原系统，但它最大的问题是太占系统盘空间，若还原文件包含病毒，且杀毒软件也无法将其查杀，那么还原后的系统仍然无法正常使用。因此在备份和还原操作系统时，建议选择Ghost等专业软件。

三、操作思路

完成本实训主要包括备份系统和还原系统两大步骤，其操作思路如图6-44所示。

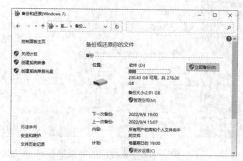
① 备份系统

② 还原系统

图6-44　使用Windows 10操作系统自带的功能备份和还原操作系统的操作思路

【步骤提示】

（1）单击"开始"按钮，在打开的菜单中选择"Windows系统"/"控制面板"选项。

（2）打开"控制面板"窗口，在"系统和安全"选项中单击"备份和还原"链接。

（3）打开"备份和还原"窗口，单击"立即备份"按钮。

（4）在打开的对话框中设置备份的位置和内容，然后单击"确定"按钮开始进行系统备份，等待一段时间后即可完成系统备份。

微课视频
备份与还原操作系统

（5）还原操作系统时，使用同样的方法打开"备份和还原"窗口，在"还原"栏中单击"选择其他用来还原文件的备份"链接。

（6）打开"还原文件"对话框，选择备份的文件后，单击"下一步"按钮。

（7）在打开的对话框中选中"选择此备份中的所有文件"复选框，然后单击"下一步"按钮。

（8）在打开的对话框中设置还原文件的位置，然后单击"还原"按钮还原操作系统。

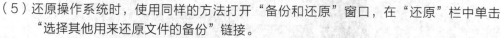

课后练习

本项目主要介绍了使用Ghost备份和还原操作系统、备份和还原注册表、手动优化操作系统、优化开机速度和使用Windows优化大师优化操作系统等知识。读者应认真学习和掌握本项目的内容，为计算机的备份和优化打下良好的基础。

（1）按照本项目所讲的知识在自己的计算机中减少开机自启动程序。

（2）在自己的计算机中关闭多余的系统服务。

（3）使用Windows优化大师的自动优化功能优化自己的计算机。

（4）在自己的计算机中清理"C:\Windows\Temp\"文件夹中的垃圾文件。

（5）按照本项目所讲的知识对计算机的注册表进行备份。

（6）使用Ghost对系统盘进行备份。

技能提升

（一）Windows 10 操作系统自动创建还原点

Windows 10操作系统自动创建还原点主要有以下情况：Windows 10操作系统安装完成后的第一次启动；通过Windows Update安装软件；当Windows 10操作系统连续开机时间达到24小时，或关机时间超过24小时再开机时；软件的安装程序运用了Windows 10操作系统提供的系统还原技术；在安装未经微软签署认可的驱动程序时；当使用制作的备份程序还原文件和设置时；当运行还原命令，要将系统还原到以前的某个还原点时。

（二）关闭 Windows 10 操作系统中的服务

Windows 10操作系统提供的大量服务占用了许多系统内存，且部分用户可能也用不上，但大多数用户并不明白每一项服务的含义，所以不敢随便停用某项服务。如果用户能够明白某服务项的作用，就可以打开服务项管理窗口逐项检查，通过关闭其中一些服务来提高操作系统的性能。下面介绍Windows 10操作系统中常见的可关闭的服务项。

- Fax。利用计算机或网络上的可用传真资源发送和接收传真。
- Print Spooler。打印机后台处理程序。
- Ssdp Discovery。启动家庭网络上的upnp设备，自动发现具有upnp的设备。
- Application LayerGateway Service。为Internet连接共享和Internet连接防火墙提供第三方协议插件的支持。
- Performance Logs & Alerts。为计算机提供网络性能日志和警报。
- Remote Registry。使网络中的远程用户能够修改本地计算机中的注册表设置。
- Smart Card。管理计算机对智能卡的读取访问。

项目七
模拟计算机系统

07

情景导入

　　当前国家大力发展国产计算机，为了推广国产操作系统的使用，公司今后将在部分计算机上安装国产操作系统。由于米拉对安装国产操作系统的操作还不熟悉，所以老洪建议她在一台计算机上设置并安装一个模拟计算机系统，用于练习安装各种操作系统。

学习目标

- 掌握虚拟机的基础知识。

　　如 VMware Workstation 的基本概念、VMware Workstation 对系统的基本要求、VMware Workstation 的常用热键等。

- 掌握通过虚拟机安装操作系统的相关操作。

　　如创建虚拟机、配置虚拟机、在 VMware Workstation 中安装操作系统等。

素质目标

- 多参加实践活动，并通过实践活动学习各种知识技能。

　　如通过模拟计算机系统学习具体的计算机操作，通过练习安装各种操作系统来学习组装计算机的技能等。

- 合理规划学习时间，培养高效学习的能力。

　　如通过模拟实践为实际操作打下坚实的基础，通过模拟安装来规划实际安装操作系统的步骤和时间等。

任务一　创建虚拟机

　　米拉了解到，模拟计算机系统需要安装虚拟机软件，于是老洪向她推荐了VMware Workstation。接下来，米拉需要在计算机中安装VMware Workstation，并创建一个虚拟机。

一、任务目标

　　本任务将以VMware Workstation为例，介绍创建虚拟机，并对其进行普通设置的相关操作。通过本任务的学习，可以掌握VMware Workstation的基本操作，同时对虚拟机的功能形成基本的认识。

二、相关知识

VMware Workstation是一款专业的虚拟机软件，它可以同时运行多个虚拟的操作系统，当用户需要在计算机中操作一些没有进行过的操作（如重装系统、安装多系统或BIOS升级等）时，就可以使用该软件模拟这些操作。由于VMware Workstation可以同时运行多个虚拟的操作系统，所以它在软件测试等专业领域使用较多。

（一）VMware Workstation 的基本概念

VMware Workstation的功能相当强大，应用也非常广泛，只要是涉及计算机的职业，它都能派上用场，如教师、学生、程序员和编辑等，都可以利用它来解决工作上的一些难题。在使用VMware Workstation之前，需要了解相关的专有名词，下面分别对这些专有名词进行讲解。

- 虚拟机。虚拟机是指通过软件模拟且运行在一个完全隔离的环境中的完整计算机系统。通过虚拟机软件，用户可以在一台物理计算机上模拟出一台或多台虚拟计算机，这些虚拟计算机（简称虚拟机）可以像真正的计算机一样工作，如可以安装操作系统和应用程序等。虚拟机只是运行在计算机上的一个应用程序，但对虚拟机中运行的应用程序而言，可以得到与在真正的计算机中进行操作一致的结果。
- 主机。主机是指运行虚拟机软件的物理计算机，即用户使用的计算机。
- 客户机系统。客户机系统是指虚拟机中安装的操作系统，也称为客户操作系统。
- 虚拟机硬盘。由虚拟机在主机上创建的文件，其容量大小受主机硬盘的限制，即存放在虚拟机硬盘中的文件不能超过主机硬盘的大小。
- 虚拟机内存。虚拟机运行所需内存是由主机提供的物理内存，其容量不能超过主机的内存容量。

知识提示

虚拟机软件

使用虚拟机软件时，用户可以同时运行 Linux 各种发行版、Windows 各种版本、DOS 和 UNIX 等各种操作系统，甚至还可以在同一台计算机中安装多个 Linux 发行版或多个 Windows 操作系统版本。在虚拟机的窗口上有多个虚拟按键，如虚拟机电源键和 Reset 键等，这些虚拟按键的功能和计算机真实的按键一样，使用起来非常方便。

（二）VMware Workstation 能够安装的操作系统

VMware Workstation几乎支持所有操作系统的安装。

- Microsoft Windows。从Windows 3.1一直到Windows 11。
- Linux。各种Linux版本，从Linux 2.2.x核心到Linux 2.6.x核心。
- VMware ESX。VMware ESX/ESXi 4和VMware ESXi 5等。
- 其他操作系统。MS-DOS、eComStation、Novell NetWare、FreeBSD和Sun Solaris等。
- 国产操作系统。红旗Linux、统信UOS、中兴新支点和中标麒麟等。

三、任务实施

（一）下载并安装 VMware Workstation

在VMware Workstation的官方网站中可以下载最新版本的软件，并将其安装到计算机中。下面下载并安装VMware Workstation到计算机的D盘中，具体操作如下。

微课视频

下载并安装 VM

（1）打开VMware官方网站，进入其产品下载页面，在右侧的类别下拉列表中选择"DESKTOP & END-USER COMPUTING"选项，在下面的列表框中找到"VMware Workstation Pro"选项，并单击其右侧的"下载产品"链接，如图7-1所示。

图7-1　选择要下载的产品

（2）在打开的网页中选择产品版本，这里选择"16.0"，然后单击对应版本选项右侧的"转至下载"链接，如图7-2所示。

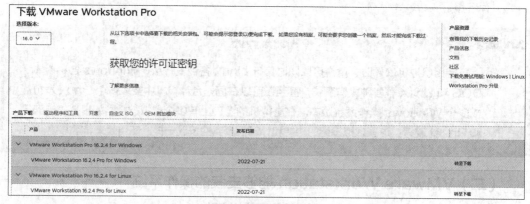

图7-2　选择产品版本

（3）在打开的网页中单击"立即下载"按钮，如图7-3所示，将VMware Workstation的安装程序下载到计算机中的指定位置。

（4）双击下载的安装程序打开安装向导，并单击"下一步"按钮，如图7-4所示。

（5）打开"最终用户许可协议"界面，选中"我接受许可协议中的条款"复选框，然后单击"下一步"按钮，如图7-5所示。

（6）打开"自定义安装"界面，在其中设置安装位置及虚拟机的组件，这里选中所有复选框，然后单击"下一步"按钮，如图7-6所示。

（7）打开"用户体验设置"界面，在其中设置用户体验的相关选项，这里保持默认设置，然后单击"下一步"按钮，如图7-7所示。

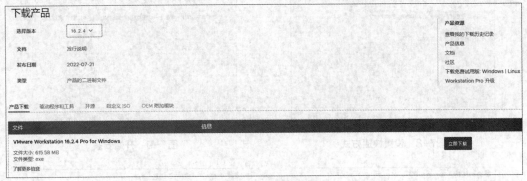

图7-3　下载安装程序

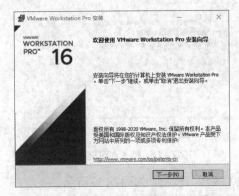

图7-4　打开安装向导

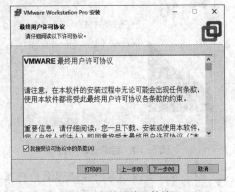

图7-5　接受许可协议

图7-6　设置安装位置和虚拟机组件

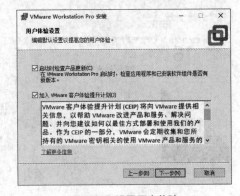

图7-7　设置用户体验

（8）打开"快捷方式"界面，在其中设置VMware Workstation 的快捷方式，这里选中所有复选框，然后单击"下一步"按钮，如图7-8所示。

（9）打开准备安装界面，单击"安装"按钮，如图7-9所示。

（10）系统开始安装VMware Workstation ，并显示安装进度。安装完成后，打开图7-10所示的界面，在其中单击"许可证"按钮。

（11）打开"输入许可证密钥"界面，在"许可证密钥格式"文本框中输入购买的许可证密钥，然后单击"输入"按钮，如图7-11所示。

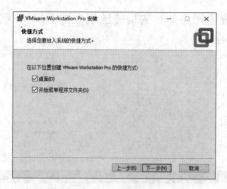

图7-8　设置快捷方式

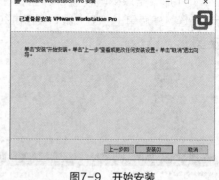

图7-9　开始安装

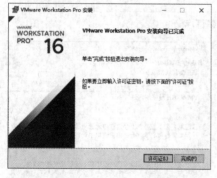

图7-10　完成安装向导

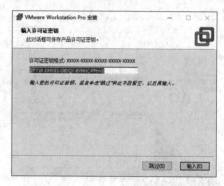

图7-11　输入许可证密钥

（12）返回安装向导已完成界面，在其中单击"完成"按钮，如图7-12所示。

（13）在打开的提示对话框中单击"是"按钮，如图7-13所示，重新启动计算机。

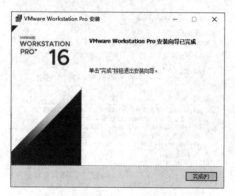

图7-12　完成安装

图7-13　重新启动计算机

（二）创建 VMware Workstation 虚拟机

下面以创建一个Windows 10操作系统的虚拟机为例讲解如何创建VMware Workstation虚拟机，具体操作如下。

（1）启动VMware Workstation Pro，进入其主界面，然后在其中单击"创建新的虚拟机"按钮，如图7-14所示。

（2）打开"新建虚拟机向导"对话框，选中"典型"单选项，然后单击"下一步"按钮，如图7-15所示。

微课视频

创建 VM 虚拟机

图7-14　创建新的虚拟机

图7-15　选择配置类型

（3）打开"安装客户机操作系统"对话框，选中"安装程序光盘映像文件（iso）"单选项，然后单击"浏览"按钮，如图7-16所示。

（4）打开"浏览ISO映像"对话框，选择一个从网上下载的Windows 10操作系统的映像文件，然后单击"打开"按钮，如图7-17所示。

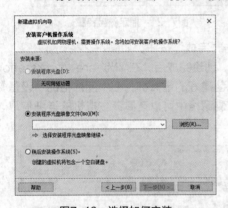

图7-16　选择如何安装

图7-17　选择映像文件

（5）返回"安装客户机操作系统"对话框，单击"下一步"按钮，如图7-18所示。

（6）打开"简易安装信息"对话框，在"Windows产品密钥"文本框中输入产品密钥，在"个性化Windows"下方的文本框中输入登录名和密码，然后单击"下一步"按钮，如图7-19所示。

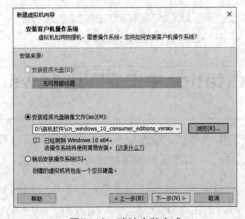

图7-18　确认安装方式

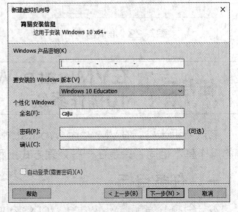

图7-19　设置安装信息

（7）打开"命名虚拟机"对话框，在"虚拟机名称"和"位置"文本框中分别输入新建虚拟机的名称和保存位置，然后单击"下一步"按钮，如图7-20所示。

（8）打开"指定磁盘容量"对话框，在"最大磁盘大小"数值框中设置待创建虚拟机的磁盘大小，这里保持默认设置，然后选中"将虚拟磁盘存储为单个文件"单选项，并单击"下一步"按钮，如图7-21所示。

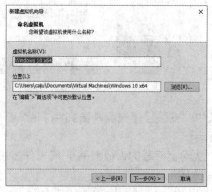

图7-20　设置虚拟机名称和保存位置

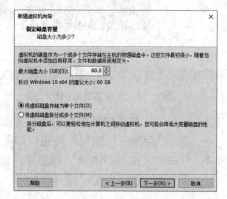

图7-21　指定磁盘容量

（9）打开"已准备好创建虚拟机"对话框，单击"完成"按钮，如图7-22所示。

（10）VMware Workstation 开始创建虚拟机。创建完成后，在VMware Workstation主界面左侧的"库"任务窗格中可以看到创建好的虚拟机，在中间窗格的"设备"栏中可以查看该虚拟机的相关信息，在右侧窗格中可以查看该虚拟机的详细信息，如图7-23所示。

图7-22　准备创建

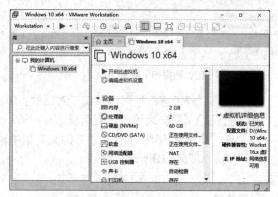

图7-23　查看创建好的虚拟机

任务二　在VMware Workstation中安装Windows 10操作系统

老洪告诉米拉，在VMware Workstation中安装操作系统的操作与在计算机中安装操作系统的操作基本相同，只是在一些处理方式上稍有差别而已，如为了方便可能只划分一个分区。

一、任务目标

本任务将介绍配置VMware Workstation并在虚拟机中安装Windows 10操作系统。通过本任务的学习，可以掌握在虚拟机中安装操作系统的方法。

二、相关知识

虚拟机在主机中运行时需要占用部分系统资源，特别是对CPU和内存资源的占用较大。所以，运行VMware Workstation时，需要主机的操作系统和硬件配置达到一定的要求，这样才不会因运行虚拟机而影响主机系统的运行速度。

（一）VMware Workstation 对主机硬件的要求

在VMware Workstation中安装不同的操作系统会对主机硬件有不同的要求，表7-1列出了安装常见操作系统对硬件配置的要求。

表 7-1　VMware Workstation 对主机硬件的要求

操作系统版本	主机磁盘剩余空间	主机内存容量
Windows XP	至少 40GB	至少 512MB
Windows 7/8/10	至少 60GB	至少 1GB
国产操作系统	至少 20GB	至少 1GB

（二）VMware Workstation 热键

热键就是自身或与其他按键组合能够起到特殊作用的按键，VMware Workstation中的热键默认为【Ctrl】键。在虚拟机的运行过程中，【Ctrl】键与其他键的组合及能实现的功能如下。

- 【Ctrl+B】组合键。开机。
- 【Ctrl+E】组合键。关机。
- 【Ctrl+R】组合键。重启。
- 【Ctrl+Z】组合键。挂起。
- 【Ctrl+N】组合键。新建虚拟机。
- 【Ctrl+O】组合键。打开虚拟机。
- 【Ctrl+F4】组合键。关闭所选择虚拟机的概要或控制视图。如果打开了虚拟机，则会出现一个确认对话框。
- 【Ctrl+D】组合键。编辑虚拟机配置。
- 【Ctrl+G】组合键。为虚拟机捕获鼠标和键盘焦点。
- 【Ctrl+P】组合键。编辑参数。
- 【Ctrl+Alt+Enter】组合键。进入全屏模式。
- 【Ctrl+Alt】组合键。返回正常（窗口）模式。
- 【Ctrl+Alt+Tab】组合键。当鼠标和键盘焦点在虚拟机中时，将在打开的虚拟机中进行切换。
- 【Ctrl+Shift+Tab】组合键。当鼠标和键盘焦点不在虚拟机中时，将在打开的虚拟机中进行切换。前提是VMware Workstation 应用程序必须在活动应用状态上。

（三）设置虚拟机

虚拟机创建完成后，还需要对其进行简单的配置，如新建虚拟硬盘、设置内存大小及设置显卡和声卡等虚拟设备，但VMware Workstation 通常在创建虚拟机时就已经完成这些设置了，用户可以对这些设置进行修改。打开VMware Workstation 主界面，在创建的虚拟机选项中单击"编辑虚拟机设置"链接，打开"虚拟机设置"对话框，在其中可以对虚拟机进行相关的设置，如图7-24所示。

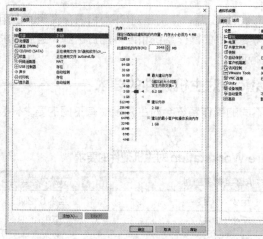

图7-24　设置虚拟机

三、任务实施

（一）配置 VMware Workstation

下面以设置U盘启动虚拟机为例，讲解如何配置VMware Workstation，具体操作如下。

（1）将U盘连接到计算机中，启动VMware Workstation Pro，然后选择创建好的Windows 10虚拟机，并单击"编辑虚拟机设置"链接，如图7-25所示。

（2）打开"虚拟机设置"对话框，单击"硬件"选项卡，再单击"添加"按钮，如图7-26所示。

（3）打开"硬件类型"对话框，在"硬件类型"列表框中选择"硬盘"选项，然后单击"下一步"按钮，如图7-27所示。

（4）打开"选择磁盘类型"对话框，在"虚拟磁盘类型"栏中选中"IDE"单选项，然后单击"下一步"按钮，如图7-28所示。

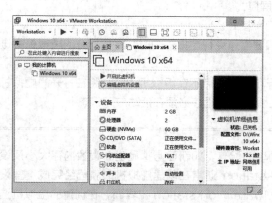

图7-25　选择操作

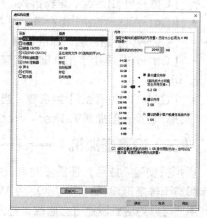

图7-26　单击"添加"按钮

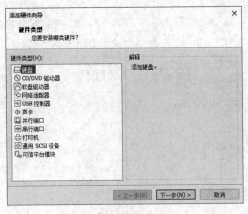

图7-27　选择硬件类型　　　　　　　　　　图7-28　选择磁盘类型

（5）打开"选择磁盘"对话框，在"磁盘"栏中选中"使用物理磁盘（适用于高级用户）"单选项，然后单击"下一步"按钮，如图7-29所示。

（6）打开"选择物理磁盘"对话框，在"设备"下拉列表框中选择U盘对应的选项（通常PhysicalDrive0代表虚拟硬盘，U盘通常是最下面一个选项），在"使用情况"栏中选中"使用整个磁盘"单选项，然后单击"下一步"按钮，如图7-30所示。

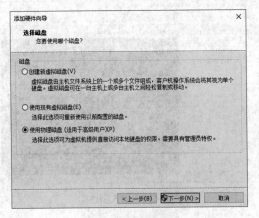

图7-29　选择磁盘

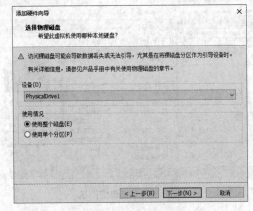

图7-30　选择物理磁盘

（7）打开"指定磁盘文件"对话框，在其中设置磁盘文件的保存位置，通常保持默认设置，然后单击"完成"按钮，如图7-31所示。

（8）返回"虚拟机设置"对话框，在其中可以看到新建的设备"新硬盘（IDE）"，然后单击"确定"按钮，如图7-32所示。

（9）返回主界面，在中间窗格的"设备"栏中可以看到创建好的硬盘设备，然后单击"开启此虚拟机"链接，如图7-33所示。

（10）VMware Workstation 将开始启动虚拟机，当进入图7-34所示的界面时，按【F2】键，或直接选择"虚拟机"/"电源"/"打开电源时进入固件"选项，如图7-35所示。

（11）进入虚拟机的BIOS设置界面，通过按【↑】或【↓】键来选择U盘对应的选项，然后按【Enter】键，如图7-36所示，VMware Workstation将重新通过U盘启动。

（12）当U盘中有启动程序时，便开始启动虚拟机。

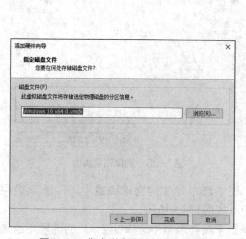

图7-31 指定磁盘文件的保存位置

图7-32 完成设置

图7-33 启动虚拟机

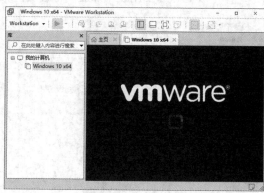

图7-34 进入BIOS

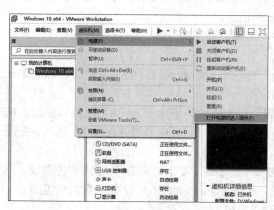

图7-35 选择操作

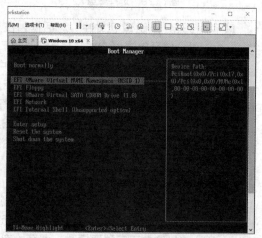

图7-36 选择U盘启动

知识提示

VMware Workstation 设置U盘启动的注意事项

在 VMware Workstation 中进入 BIOS 时，除了按【F2】键外，还应该将光标定位到 VMware Workstation 启动的虚拟机中，否则可能无法进入 BIOS。另外，在 BIOS 中选择启动的 U 盘时，可能存在多个 U 盘启动项，如 VMware Virtual SCSI Hard Drive（0:0）和 VMware Virtual IDE Hard Drive（0:0）等。

（二）在虚拟机中安装 Windows 10 操作系统

在VMware Workstation 中安装操作系统与在计算机中安装操作系统的操作存在不同，就是用户可以通过ISO文件直接启动虚拟机并直接安装。下面介绍通过Windows 10操作系统的64位ISO文件在虚拟机中安装Windows 10操作系统，具体操作如下。

微课视频

在虚拟机中安装
Windows 10 操作
系统

（1）启动VMware Workstation Pro进入其主界面，在左侧的"库"任务窗格中展开"我的计算机"选项，在其中选择"Windows 10 x64"选项，再在右侧的"Windows 10 x64"选项卡中间的任务窗格中单击"开启此虚拟机"链接。

（2）VMware Workstation 启动刚才创建的Windows 10虚拟机，并启动安装程序开始安装Windows 10，包括选择版本、复制Windows文件、准备安装的文件、安装功能和安装更新等，如图7-37所示。在安装过程中，VMware Workstation 将按照安装程序的设置自动重新启动虚拟机。

图7-37 安装Windows 10

（3）完成Windows 10操作系统的设备安装后，下一步是进行各种系统设置，包括区域、账号、密码、安全、个人隐私和网络等，如图7-38所示。

（4）进入Windows 10操作系统的操作界面，完成在VMware Workstation 中安装Windows 10操作系统的操作，如图7-39所示。

图7-38　设置计算机区域　　　　　　　　　　图7-39　完成安装

实训： 使用VMware Workstation 安装国产银河麒麟操作系统

一、实训目标

本实训的目标是使用VMware Workstation 安装国产银河麒麟操作系统，既可以练习通过VMware Workstation 新建虚拟机的操作，又可以练习在虚拟机中安装操作系统的操作。

二、专业背景

通过虚拟机模拟出国产的计算机系统，并对国产软件进行测试和应用，既能提升国产软件和操作系统的使用效率，又能达到测试国产软件和操作系统的目的，这对国产软件和操作系统的性能提升和迅速发展有积极的意义。

三、操作思路

完成本实训包括创建虚拟机和安装操作系统两大步骤，其操作思路如图7-40所示。

①创建虚拟机　　　　　　　　　　　②安装操作系统

图7-40　使用VMware Workstation 安装国产银河麒麟操作系统的操作思路

【步骤提示】

（1）从网上下载银河麒麟操作系统的ISO安装文件。

（2）启动VMware Workstation，新建一个名为"银河麒麟"的虚拟机。

（3）按照向导提示进行操作，打开"客户机操作系统安装"对话框，选择如何安装操作系统时，选中"安装程序光盘映像文件（iso）"单选项，再选择下载的ISO安装文件。

微课视频

使用 VM 安装国产
银河麒麟操作系统

（4）打开"选择客户机操作系统"对话框，在"客户机操作系统"栏中选中"Linux"单选项，在"版本"下拉列表框中选择"Ubuntu"选项。

（5）其他操作与创建Windows 10虚拟机类似。

（6）创建好虚拟机后，即可启动计算机，安装银河麒麟操作系统，其安装操作与前面介绍过的类似，这里不赘述。

知识提示　　　　　　　　　**国产操作系统的内核**

目前，以银河麒麟、中兴新支点、deepin 和统信 UOS 为代表的国产操作系统的内核仍然是 Linux，但这些操作系统能够做到信息安全方面的自主可控，这就是这些操作系统存在的重要意义。

 课后练习

本项目主要介绍了VMware Workstation的基本操作，包括基本功能、对软硬件的要求，以及创建虚拟机、设置虚拟机和安装操作系统等知识。

（1）下载并安装最新版本的VMware Workstation 。

（2）使用VMware Workstation 分别创建Windows 11、统信UOS和deepin 3个虚拟机。

（3）为新建的3个虚拟机安装对应的操作系统。

 技能提升

（一）其他虚拟机软件

目前流行的虚拟机软件还有Oracle VM VirtualBox和Microsoft Virtual PC 等，它们都能在Windows操作系统中虚拟多个计算机。

- Oracle VM VirtualBox。该软件是一款功能强大的虚拟机软件，具备虚拟机的所有功能，且操作简单、完全免费、升级速度快，非常适合普通用户使用。
- Microsoft Virtual PC。该软件是一款由Microsoft公司开发、支持多个操作系统的虚拟机软件，具有功能强大和使用方便的特点，主要应用于重装系统、安装多系统和BIOS升级等。该软件的缺点是升级较慢，未能跟上操作系统的更新步伐。

（二）使用 VMware Workstation 时的常见问题

在使用VMware Workstation的过程中，有一些常见问题需要用户注意。

- 如何下载VMware Workstation官方版本。可以从VMware Workstation官方网站下载，但需要注册后才能下载。
- 如何使用中文版。可以从网上下载汉化程序，然后将汉化文件全部复制到VMware Workstation的安装文件夹中，替换以前的文件。
- 设置通过路由器上网。打开虚拟机的网络连接设置，即在"虚拟机设置"对话框中选择"网络适配器"选项，在右侧的"网络连接"栏中选中桥接模式对应的单选项，如图7-41所示，只要路由器打开了DNS和DHCP服务器，创建好的虚拟机系统就能直接上网了。

图7-41 设置通过路由器上网

- 使用物理计算机中的文件夹。在虚拟机中打开"虚拟机设置"对话框，单击"选项"选项卡，在左侧的列表框中选择"共享文件夹"选项，在右侧的"文件夹共享"栏中选中"总是启用"单选项，然后单击"添加"按钮，在打开的"添加共享文件夹向导"对话框的提示下，选择需要共享的文件夹，完成向导的操作，如图7-42所示。

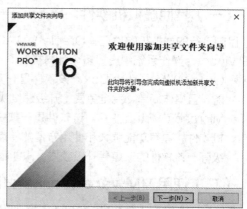

图7-42 VMware Workstation 共享物理文件夹

- VMware Workstation 的上网方式。VMware Workstation 有6种上网方式，分别是主机拨号上网，虚拟机拨号上网；主机拨号上网，虚拟机通过主机共享上网；主机拨号上网，虚拟机使用内置的NAT服务共享上网；主机直接上网，虚拟机直接上网；主机直接上网，虚拟机通过主机共享上网；主机直接上网，虚拟机使用内置的NAT服务共享上网。安装好虚拟机后，VMware Workstation 通常会自动连接到主机的网络共享上网，如果不能上网，则需要用户自己选择上网方式，此时只需要在VMware Workstation 主界面中选择需要上网的虚拟机，然后单击"编辑虚拟机设置"链接，打开"虚拟机设置"对话框，在左侧的列表框中选择"网络适配器"选项，在右侧的"网络连接"栏中选择上网方式即可，如图7-43所示。目前常用的上网方式是NAT模式和自定义的VMnet模式。

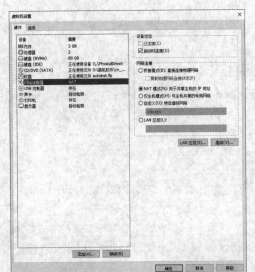

图7-43　VMware Workstation 共享上网方式

项目八
维护计算机

08

情景导入

近日，公司有同事向技术部反映部分计算机在使用一段时间后，出现了开机速度慢、使用中卡顿等问题。在老洪的指导下，米拉和几位同事开始对计算机进行一次日常维护。维护包括硬件维护、安全维护和数据维护3个主要内容，其目的是通过维护将计算机恢复到正常工作状态。

学习目标

- 掌握计算机日常维护的相关知识。

如计算机维护的重要性、保持良好的工作环境、注意计算机的安放位置，以及常用硬件的日常维护等。

- 掌握维护计算机安全的相关知识。

如认识计算机病毒、系统漏洞和黑客，以及查杀计算机病毒、修复系统漏洞和对文件加密等。

- 掌握恢复计算机中丢失数据的相关知识。

如了解数据丢失的原因、数据恢复软件，以及使用数据恢复软件恢复数据的操作等。

素质目标

- 培养严谨、认真的工作态度。

如通过软件维护计算机、修复操作系统漏洞、不打开非法网页和保持良好的工作环境等。

- 培养良好的沟通能力，增强团队合作意识。

如通过及时沟通了解计算机存在的问题，再通过团队的力量维护计算机等。

任务一　日常维护计算机

日常维护计算机的目的是使计算机保持良好的运行环境和运行速度，以延长计算机的使用寿命。老洪告诉米拉，在日常使用中，也应该注意保养计算机，并通过一些维护措施来降低各部件发生故障的可能性，使计算机始终处于最佳工作状态。

一、任务目标

本任务将介绍日常维护计算机的相关知识，如硬件维护、安全维护和数据恢复等。通过本任务的学习，可以掌握维护计算机的相关操作。

二、相关知识

计算机的日常维护主要是各种硬件的维护，包括整理计算机的工作环境、修正计算机的放置位置，以及各种硬件和网络的日常维护等。

（一）维护计算机的目的

现如今，计算机已成为人们日常生活中不可缺少的工具之一，而且随着信息技术的发展，计算机在实际使用过程中将面临越来越多的系统维护和管理问题，如硬件故障、软件故障、病毒防范和系统升级等，如果不能及时、有效地处理这些问题，就会给用户的正常工作和生活带来不良的影响。为此，用户需要全面对计算机系统进行维护，以较低的成本换来较为稳定的系统性能，从而保证日常工作正常进行。

（二）计算机对工作环境的要求

计算机对工作环境有较高的要求，长期在恶劣环境中工作的计算机很容易出现故障。因此，在整理计算机的工作环境时，需要做到以下6点。

- 做好防静电工作。静电可能会造成计算机中的各种芯片损坏，因此，为了防止静电损坏芯片，用户在打开机箱前应用手接触暖气管或水管等物体，将身体的静电释放掉。另外，在安装计算机时，将机箱用导线接地，也可起到很好的防静电效果。
- 预防震动和噪声。震动和噪声会造成计算机内部硬件损坏（如硬盘损坏或数据丢失等），因此计算机不能工作在震动和噪声很大的环境中，如确实需要将其放置在震动和噪声很大的环境中，则应考虑安装防震和隔音设备。
- 避免过高的工作温度。计算机应工作在20℃~25℃的环境中，过高的温度会使计算机在工作时散热困难，轻则缩短计算机的使用寿命，重则烧毁芯片。因此，用户最好在放置计算机的房间中安装空调，以保证计算机正常运行所需的环境温度。
- 湿度不能过高。计算机在工作状态中应保持良好的通风，以降低机箱内的湿度，否则可能使主机内的电路板腐蚀，进而导致板卡过早老化。
- 防止灰尘过多。由于计算机的各部件非常精密，如果工作环境中灰尘较多，就可能会堵塞计算机的各种接口，使其不能正常工作。因此，不要将计算机置于灰尘过多的环境中，如果不能避免，则应做好防尘工作。另外，最好定期清理机箱内部的灰尘，做好计算机的清洁工作，以保证其正常运行。
- 保证计算机的工作电源稳定。电压不稳容易对计算机的电路和部件造成损坏，由于供电可能存在高峰期和低谷期，电压可能会波动，因此，用户最好配备稳压器，以保证计算机正常工作时所需的稳定电源。另外，如果突然停电，则有可能造成计算机内部数据丢失，严重时还会造成系统不能启动等故障，因此还要保护计算机的电源。

（三）正确摆放计算机

计算机的安放位置也比较重要，在计算机的日常维护中，用户应注意以下4点。

- 计算机主机的安放应当平稳，并保留必要的工作空间，用于放置磁盘和光盘等常用配件。
- 用户要通过修正显示器的高度来保证正确的坐姿，用户视线应保持与显示器上边基本平行，太高或太低都容易使用户产生疲劳感，如图8-1所示。

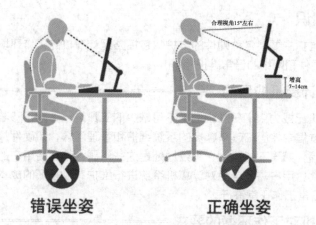

图8-1　显示器的安放位置和坐姿

- 计算机停止工作时最好盖上防尘罩，以减少灰尘的侵袭。但在工作时，用户一定要将防尘罩拿下来以保证散热。
- 在北方较冷的地方，计算机最好放在有暖气的房间；在南方较热的地方，计算机最好放在有空调的房间。

三、任务实施

（一）维护 CPU

CPU的日常维护主要针对散热性能方面，包括以下两点。

- 用好硅脂。将硅脂涂抹于CPU表面，只需薄薄的一层即可。若使用过量，则有可能会渗漏到CPU表面的接口处，且硅脂在使用一段时间后会干燥，这时用户可以将之除净后再重新涂上硅脂。
- 保证良好的散热条件。CPU的正常工作温度在50℃以下，具体根据不同的主频而定。需要注意的是，CPU风扇散热片的质量要好，散热片的底层以均热板为佳，这样有利于主动散热，同时还能够保证机箱内外的空气流通。另外，用户可以通过软件测速，与主板监控功能配合监测CPU的工作温度。

（二）维护主板

主板维护主要包括以下3个方面。

- 防范高压。停电后，用户应拔掉主机电源，以避免突然来电时产生的瞬间高压烧毁主板。
- 防范灰尘。清理灰尘对主板来说是最为重要的维护工作，现在的主板上有很多散热片，一旦灰尘过多，就很容易影响主板的散热性能。清理时，用户可以使用比较柔软的毛刷清除主板上的灰尘，平时使用时，不要将机箱盖打开，以免造成灰尘积聚。
- 最好不要带电拔插。除了支持即插即用的设备外（即使是这种设备，也要减少带电拔插的次数），在计算机运行时，禁止带电拔插各种控制板卡和连接电缆，这是因为在拔插瞬间产生的静电放电和信号电压的不匹配等情况容易损坏芯片。

（三）维护硬盘

硬盘在日常维护时应注意以下3点。

- 正确开关计算机电源。硬盘处于工作状态时，尽量不要强行关闭主机电源，这是因为在读写过程中突然断电容易造成硬盘物理性损伤或丢失各种数据等。

- 工作时一定要防震。必须将计算机放置在平稳且无震动的工作平台上，尤其是在机械硬盘处于工作状态时，要尽量避免移动。此外，在硬盘启动或停机过程中也不要随意移动。
- 保证硬盘的散热。硬盘温度直接影响其工作的稳定性和使用寿命，硬盘在工作中的温度以20℃～25℃为宜，特别是固态盘，最好为其安装散热片，并通过软件监控其工作温度。

（四）维护显卡和显示器

独立显卡的发热量较大，因此用户要在计算机运行时注意散热风扇是否正常转动、散热片与显示芯片是否接触良好等。显卡温度过高，会引起系统运行不稳定、蓝屏和死机等现象。同时，还要注意显卡驱动程序和设备中断两方面的问题，重新安装正确的驱动程序和在BIOS中重新为设备分配中断一般可以分别解决这两方面问题。显示器的日常维护应该注意以下两点。

- 保持工作环境干燥。水分会腐蚀显示器的液晶电极，因此，用户最好准备一些干燥剂（药店有售）或干净的软布，以保持显示屏干燥。如果水分已经进入显示器内部，则最好将其放置到干燥位置，让水分慢慢蒸发。
- 避免一些挥发性化学药剂的危害。液体对显示器都有一定的危害，特别是化学药剂，其中又以具有挥发性的化学药剂对液晶显示器的危害最大。例如，发胶、灭蚊剂等液体都会对液晶分子乃至整个显示器造成损坏，从而导致显示器使用寿命缩短。

（五）维护机箱和电源

机箱在使用时需注意摆放平稳，同时还要保持其表面与内部的清洁，在日常维护时需要注意以下3点。

- 保证机箱散热。使用计算机时，不要在机箱附近堆放杂物，以保证空气流通，使主机工作时产生的热量能够及时散出。
- 保证电源散热。若发现电源的风扇停止工作，则用户必须切断电源，以防止电源被烧毁，甚至造成其他更严重的损坏。另外，用户要定期检查电源风扇是否正常工作，一般3～6个月检查一次。
- 注意电源除尘。电源在长时间的工作中会积累大量灰尘，这会导致散热效率降低。同时灰尘过多，在潮湿的环境中也容易造成电路短路，因此，为了系统能正常、稳定地工作，电源应定期除尘。在计算机使用一年左右时，用户最好打开电源，用毛刷清除其内部的灰尘，同时为电源风扇添加润滑油。

（六）维护鼠标

鼠标要预防灰尘、强光及拉拽等，内部沾上灰尘会使鼠标机械部件操作不灵，强光会干扰光电管接收信号。因此，鼠标的日常维护主要有以下3个方面。

- 注意灰尘。在使用的过程中，灰尘可能会积累在鼠标底部的光电发射器上，导致鼠标无法正常工作或者移动不流畅，甚至导致鼠标不能移动。
- 保证感光性。使用光电鼠标时要注意保持鼠标垫清洁，使鼠标处于良好的感光状态，以避免污垢遮挡光线。同时，光电鼠标切勿在强光条件下使用，也不要在反光率较高的鼠标垫上使用。
- 正确操作。操作时不要过分用力，以防止鼠标按键的弹性减弱、操作失灵。

（七）维护键盘

键盘使用频率较高、按键用力过大、金属物掉入键盘或茶水等液体溅入键盘内，都有可能造成键盘内部微型开关弹片变形或锈蚀，从而出现按键不灵等现象。因此，键盘的日常维护主要有以下3个方面。

- 经常清洁。日常维护或更换键盘时，应切断计算机电源。用户在定期清洁键盘表面的污垢时，可以用柔软、干净的湿布擦拭键盘，而对于顽固的污渍，则可以用中性的清洁剂擦除，最后再用湿布擦拭一遍。
- 保证干燥。当有液体溅入键盘时，应尽快关机，将键盘连接线拔出，打开键盘并用干净、吸水性强的软布或纸巾擦干内部的积水，最后让键盘在通风处自然晾干。
- 正确操作。用户在按键时要注意力度适中、动作轻柔，强烈的敲击会缩短键盘的使用寿命。尤其在玩游戏时更应该注意，不要使劲敲击按键，以免损坏轴体或微型开关弹片。

（八）维护网络硬件

网络硬件主要是指光调制解调器和路由器，在日常维护时需要注意以下7点。

- 定时清理灰尘。灰尘会影响硬件的散热，网络硬件也一样。所以，为了局域网的长久使用，用户需要经常且有规律地清理灰尘（可以直接使用干抹布擦去灰尘）。
- 位置通风。网络硬件通常会长时间使用，为了避免长时间运行导致网络硬件发热严重，用户最好将其放在通风良好的地方。
- 定时重启。长时间运行会增加无线路由器的负荷，影响其正常使用，因此，用户最好将其定期重新启动，使硬件清理多余数据，以恢复到正常状态。
- 清洁插口。网络硬件通常有很多插口，但很多都长时间不用，里面可能会积攒许多污垢和灰尘，此时用户可以用棉签蘸适量酒精进行清洁。
- 密封插口。为了保护不用的插口，用户可以利用创可贴或透明胶将其密封起来。
- 散热。网络硬件的表面及附近不要放置过多杂物，以免散热受到影响。
- 信号强度。为了保证无线路由器的信号强度，用户最好将其放置在空旷处。

任务二　维护计算机的安全

老洪告诉米拉，公司的计算机还面临一项日常维护也无法消除的威胁，即计算机安全。由于计算机和网络的普及，计算机中保存的各种数据的价值也越来越高，为了保护这些数据，用户需要及时应对并处理计算机病毒、操作系统漏洞及黑客等带来的各种威胁，以此来维护计算机的安全。

一、任务目标

对计算机的安全进行维护主要包括查杀病毒、修复系统漏洞、防御黑客攻击和系统加密等方面的内容。通过本任务的学习，可以基本保障计算机安全运行。

二、相关知识

用户若要维护计算机的安全，则需要了解计算机病毒的表现和防治方法，认识系统漏洞和黑客，以及了解预防黑客攻击的方法。

（一）计算机感染病毒的常见表现

计算机病毒本身也是由代码构成的程序，与普通程序的不同之处在于，计算机病毒会影响和破坏计算机的正常运行。一旦计算机感染病毒，其通常会有以下两种表现形式。

1. 直接表现

当计算机出现异常现象时，用户应该使用杀毒软件扫描计算机，以确认计算机是否感染病毒。这些异常现象通常体现在以下5个方面。

- 系统资源消耗加剧。硬盘的存储空间急剧减少，系统中的基本内存发生变化，CPU的使用率保持在80%以上。
- 性能下降。计算机运行速度明显变慢，运行程序时经常提示内存不足或出现错误；计算机经常在没有任何征兆的情况下突然死机；硬盘经常出现不明的读写操作，在未运行任何程序时，硬盘指示灯不断闪烁甚至长亮不熄。
- 文件丢失或被破坏。计算机中的文件莫名丢失、文件图标被更换、文件的大小和名称被修改、文件内容变成"乱码"，以及原本可正常打开的文件无法打开等。
- 启动速度变慢。计算机启动速度变得异常缓慢，在启动后的一段时间内，系统对用户的操作无响应或响应迟钝。
- 其他异常现象。系统时间和日期无故发生变化；自动打开浏览器并链接到不明的网站；突然播放不明的声音或音乐，经常收到来历不明的邮件；部分文档自动加密；计算机的输入／输出端口不能正常使用等。

2. 间接表现

某些病毒会以"进程"的形式出现在系统内部，这时用户可以打开系统进程列表查看正在运行的进程，通过进程名称及路径判断计算机是否存在病毒，如果有，则记下其进程名，结束该进程，然后删除病毒程序。计算机的进程一般包括基本系统进程和附加进程，了解这些进程的含义，可以方便用户判断计算机是否存在可疑进程，进而判断计算机是否感染病毒。基本系统进程对计算机的正常运行起着至关重要的作用，用户不能随意将其结束。基本系统进程主要包括explorer.exe、spoolsv.exe、lsass.exe、servi.exe、winlogon.exe、smss.exe、csrss.exe、svchost.exe和system Idle Process等。Wuauclt.exe、systray.exe、ctfmon.exe和mstask.exe等属于附加进程，用户可以按需取舍，关闭附加进程一般不会影响系统的正常运行。

（二）计算机病毒的防治方法

计算机病毒固然猖獗，但只要用户增强病毒防范意识并加强防范措施，就可以降低计算机被病毒感染的概率或被破坏的程度。计算机病毒的预防主要包括以下5个方面。

- 安装杀毒软件。计算机中应安装杀毒软件，开启软件的实时监控功能，并定期升级杀毒软件的病毒库。
- 及时获取病毒信息。登录杀毒软件的官方网站，关注计算机相关新闻，获取最新的病毒预警信息，并学习最新病毒的防治和处理方法。
- 备份重要数据。使用备份工具备份系统，以便在计算机感染病毒后及时恢复。同时，重要数据应使用移动存储设备等进行备份，以减少病毒可能造成的损失。
- 杜绝二次传播。当计算机感染病毒后，应及时使用杀毒软件清除和修复，注意不要将计算机中感染病毒的文件复制到其他计算机中。若局域网中的某台计算机感染了病毒，则应及时断开其网线，以免其他计算机被感染。
- 切断病毒传播渠道。使用正版软件，拒绝使用盗版和来历不明的软件；网上下载的文件要先杀毒再打开；使用移动存储设备时，也应先杀毒再使用；不要随便打开来历不明的电子邮件和网友传送的文件等。

（三）认识系统漏洞

系统漏洞是指操作系统本身在设计上的缺陷或在编写时产生的错误，这些缺陷或错误可能会被不法者或黑客利用，通过植入木马或病毒等方式来攻击或控制整个计算机，从而破坏计算机的正常运行，甚至窃取其中的重要资料和信息。系统漏洞产生的原因主要有以下3个。

- 受编程人员能力、经验和当时安全技术所限，程序难免会有不足之处，轻则影响程序功能，重则导致非授权用户的权限提升。
- 由于硬件原因，编程人员无法弥补硬件的漏洞，从而使硬件的问题通过软件表现出来。
- 由于人为因素，程序开发人员在编写程序的过程中，为实现某些目的，在程序代码的隐蔽处保留了"后门"。

（四）认识黑客

黑客（Hacker）是对计算机系统非法入侵者的称呼。黑客攻击计算机的手段各式各样，如何防止黑客的攻击是用户最为关心的计算机安全问题之一。黑客会通过一切可能的途径来达到攻击计算机的目的，下面简单介绍黑客攻击计算机的常用手段。

- 网络嗅探器。使用专门的软件查看Internet的数据包，或使用侦听程序对网络数据流进行监视，以从中捕获口令或相关信息。
- 文件型病毒。通过网络不断地向目标主机的内存缓冲器发送大量数据，以摧毁主机控制系统或获得控制权限，并致使接收方的计算机运行缓慢或死机。
- 电子邮件炸弹。电子邮件炸弹是匿名攻击之一，它不断并大量地向同一地址发送电子邮件，从而耗尽接收方网络的带宽。
- 网络型病毒。真正的黑客拥有超强的计算机技术，他们可以通过分析DNS直接获取Web服务器等主机的IP地址，并在没有障碍的情况下完成入侵操作。
- 木马程序。木马的全称是特洛伊木马，它是一类特殊的程序，一般以寻找"后门"并窃取密码为主。对于普通计算机用户而言，防御黑客主要是针对木马程序。

（五）预防黑客攻击的方法

黑客攻击使用的木马程序一般是通过绑定在其他软件上、电子邮件、感染邮件客户端软件等方式进行传播，因此，用户应从以下9个方面来预防黑客的攻击。

- 不要执行来历不明的软件。木马程序一般是通过绑定在其他软件上进行传播的，一旦计算机运行了这个被绑定的软件就会被感染，因此在下载软件时，一般推荐去官网下载。另外，在软件安装之前，应用反病毒软件进行检查，确定无毒后再安装。
- 不要随意打开邮件附件。有些木马程序是通过邮件传播的，而且会连环扩散，用户打开邮件附件时需要多加注意。
- 重新选择新的客户端软件。很多木马程序主要感染的是Outlook和Outlook Express的邮件客户端软件，因为这两款软件全球使用量极大，黑客们对它们的漏洞研究得比较透彻。如果选用其他的邮件软件，那么受到木马程序攻击的可能性通常会减小。
- 少用共享文件夹。如因工作需要，必须将计算机设置成共享，则最好把共享文件放置在一个单独的共享文件夹中。
- 运行反木马实时监控程序。在上网时，最好运行反木马实时监控程序，实时显示当前所有的运行程序及其详细的描述信息，另外安装一些专业的最新杀毒软件或个人防火墙等进行监控。
- 经常升级操作系统。许多木马都是通过系统漏洞来攻击的，Microsoft公司发现系统漏洞之后一般会在第一时间发布补丁，用户可以通过给系统"打补丁"来预防病毒攻击。

- 使用杀毒软件。常见的杀毒软件都可以对木马进行查杀，这些杀毒软件包括江民杀毒、360杀毒和金山毒霸等，这些软件查杀其他病毒很有效，对木马的检查也比较成功，但在彻底清除方面通常不是很理想。
- 使用木马专杀软件。专用的木马查杀软件不但能防御木马的攻击，还能在程序或文件感染木马之后，将木马彻底清除，如The Cleaner、木马克星、木马终结者等。
- 使用网络防火墙。常见的网络防火墙软件包括360防火墙和瑞星防火墙等。一旦有可疑网络连接或木马对计算机进行控制，防火墙就会报警，同时显示对方的IP地址和接入端口等信息，用户手动设置之后即可使对方无法攻击。

三、任务实施

（一）查杀计算机病毒

在使用杀毒软件查杀病毒前，最好先升级软件的病毒库，然后进行病毒查杀。下面介绍使用360杀毒软件查杀病毒，具体操作如下。

（1）启动360杀毒，打开其主界面，单击最下面的"检查更新"链接，如图8-2所示。

（2）打开"360杀毒-升级"对话框，连接到网络以检查病毒库是否为最新，如果非最新状态，则会下载并安装最新的病毒库，下载完成后，弹出对话框提示病毒库升级完成，然后可单击"关闭"按钮；如果已经是最新状态，则弹出对话框提示病毒库和程序已是最新，无须升级，此时同样可单击"关闭"按钮，如图8-3所示。

图8-2　360杀毒主界面

图8-3　升级病毒库

（3）返回360杀毒的主界面，在左下角可看到最新的病毒库日期，然后单击"快速扫描"按钮。

（4）360杀毒开始对计算机中的文件进行病毒扫描，并显示扫描进度，如图8-4所示，如果在扫描过程中发现对计算机安全有威胁的项目，就会将其显示在界面中。

（5）扫描完成后，如果没有发现对计算机安全有威胁的项目，则360杀毒会提示没有发现任何安全威胁，如图8-5所示，然后可单击"返回"按钮，返回360杀毒的主界面。

图8-4　360杀毒开始查杀计算机病毒

图8-5　显示查杀结果

知识提示　　　　　　　　**查杀计算机病毒**

　　使用360杀毒对计算机中的文件进行病毒扫描时，一般会按照系统设置、常用软件、内存活跃程序、开机启动项和系统关键位置的顺序进行。一旦360杀毒扫描到了对安全有威胁的内容，则会立即将其显示出来，单击"立即处理"按钮，360杀毒将对扫描到的威胁进行处理，并显示处理结果，单击"确定"按钮可完成病毒的查杀操作。由于一些计算机病毒会严重威胁操作系统的安全，所以从安全的角度出发，在使用360杀毒对病毒进行查杀后，用户通常需要重新启动计算机使其生效。

（二）查杀木马程序

　　木马程序常通过寻找系统漏洞、窃取密码和数据等方式来达到破坏计算机安全的目的。下面介绍使用360安全卫士查杀计算机中的木马程序，具体操作如下。

微课视频

查杀木马程序

　　（1）启动360安全卫士，在其主界面中单击"木马查杀"选项卡，并在展开的界面中单击"快速查杀"按钮，如图8-6所示。

　　（2）360安全卫士开始扫描木马，并显示扫描进度和扫描结果。如果计算机提示"未发现木马病毒"，则表示计算机安全，如图8-7所示。

图8-6　查杀木马

图8-7　完成查杀

（三）修复操作系统漏洞

操作系统漏洞也是影响计算机安全的重要因素之一。下面介绍使用360安全卫士修复操作系统漏洞，具体操作如下。

微课视频

修复操作系统漏洞

（1）启动360安全卫士，在其主界面中单击"系统修复"选项卡，并在展开的界面下方单击"漏洞修复"按钮，如图8-8所示。

（2）360安全卫士将自动检测操作系统中存在的各种漏洞，并将漏洞按照不同的危险程度分为"重要修复项"和"可选修复项"两种类型，通常"重要修复项"中的漏洞选项会被默认选中，而"可选修复项"中的漏洞选项需要用户手动选择，通常保持默认设置，然后单击"一键修复"按钮，如图8-9所示。

图8-8　单击"漏洞修复"按钮

图8-9　开始漏洞修复

（3）360安全卫士开始下载漏洞补丁程序，并显示下载进度。下载完一个漏洞的补丁程序后，360安全卫士将安装下载的补丁程序，然后继续下载下一个漏洞的补丁程序，如图8-10所示。安装补丁程序成功后，该选项的"状态"栏显示"已修复"字样。

（4）待全部漏洞修复完成后，将显示修复结果，如图8-11所示，然后单击"返回"按钮即可返回主界面。

图8-10　下载并安装漏洞补丁

图8-11　完成漏洞修复

（四）操作系统登录加密

无论是在日常办公还是生活中，计算机都存储了大量重要数据，只有对这些数据进行加密，才能防止数据泄露，保证计算机的安全。用户除了可以在BIOS中设置操作系统的登录密码外，还可以在Windows 10操作系统的"控制面板"中设置操作系统的登录密码。下面介绍在Windows 10操作系统中设置登录密码，具体操作如下。

（1）单击"开始"按钮，在打开的"开始"菜单中选择"Windows 系统"/"控制面板"选项，打开"控制面板"窗口，在其中单击"更改账户类型"链接，如图8-12所示。

（2）打开"管理账户"窗口，在"选择要更改的用户"列表框中单击需要设置密码的账户，如图8-13所示。

图8-12　"控制面板"窗口

图8-13　选择账户

（3）打开"更改账户"窗口，单击"创建密码"链接，如图8-14所示。

（4）打开"创建密码"窗口，在3个文本框中分别输入密码和密码提示，然后单击"创建密码"按钮，如图8-15所示。

图8-14　创建密码

图8-15　输入密码

（5）下次启动计算机进入操作系统时，将打开密码登录界面，只有输入正确的密码，才能登录操作系统。

（五）文件加密

文件加密的方法很多，除了使用Windows操作系统的隐藏功能外，还可以使用应用软件对文件进行加密。目前使用较多且较简单的文件加密方式是使用压缩软件加密。下面介绍使用360压缩软件为文件加密，具体操作如下。

（1）在操作系统中找到需要加密的文件，在其上单击鼠标右键，在弹出的快捷菜单中选择"添加到压缩文件"命令，如图8-16所示。

（2）在打开的对话框中单击"添加密码"链接，如图8-17所示。

图8-16　选择"添加到压缩文件"命令

图8-17　添加密码

（3）打开"添加密码"对话框，在两个文本框中输入相同的密码，然后单击"确定"按钮，如图8-18所示。

（4）返回360压缩对话框，单击"立即压缩"按钮，即可将文件添加到设置了密码的压缩文件中，同时在保存的文件夹中可看到已压缩的文件，如图8-19所示。解压该文件时，需要输入设置的密码，才能成功解压。

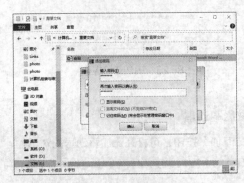

图8-18　设置密码

图8-19　设置了密码的压缩文件

（六）隐藏硬盘驱动器

为了保护硬盘中的数据和文件夹，用户可以将某个硬盘驱动器隐藏。下面介绍隐藏驱动器D，具体操作如下。

微课视频

隐藏硬盘驱动器

（1）单击"开始"按钮，在打开的"开始"菜单中的"Windows系统"/"此电脑"选项上单击鼠标右键，在弹出的快捷菜单中选择"更多"/"管理"命令，如图8-20所示。

（2）打开"计算机管理"窗口，在左侧的任务窗格中选择"磁盘管理"选项，在中间的驱动器D对应的"应用软件（D：）"选项上单击鼠标右键，在弹出的快捷菜单中选择"更改驱动器号和路径"命令，如图8-21所示。

（3）打开"更改D：（应用软件）的驱动器号和路径"对话框，在其中单击"删除"按钮，如图8-22所示。

（4）在打开的提示对话框中确认删除驱动器号的操作，单击"是"按钮，如图8-23所示。

（5）返回"计算机管理"窗口，已经看不到驱动器D了。

图8-20　选择"管理"命令

图8-21　管理磁盘

图8-22　删除驱动器号

图8-23　确认删除操作

多学一招　　　　　　　　**恢复隐藏的磁盘驱动器**

　　用户在更改驱动器号的对话框中单击"添加"按钮，可打开添加驱动号的对话框，选中"指派以下驱动器号"单选项，并在其右侧的下拉列表中选择一个驱动器号，单击"确定"按钮，可恢复隐藏的磁盘驱动器。

任务三　恢复硬盘中丢失的数据

　　公司某台计算机中的重要数据不慎被误删除了，相关人员向技术部求救。在了解了情况后，老洪安排米拉前去处理，帮助同事恢复硬盘中丢失的数据。

一、任务目标

　　本任务将介绍恢复硬盘中丢失的数据，主要包括了解数据丢失的原因和能够恢复的硬盘数据有哪些，以及使用软件恢复数据和修复硬盘的主引导记录扇区。通过本任务的学习，可以掌握维护计算机的数据安全的方法。

二、相关知识

　　在日常工作和生活中，硬盘中存储的数据往往是计算机中最重要的，一旦数据丢失，数据恢复就成为一项非常重要的计算机维护操作。要想掌握恢复数据的操作，用户首先需要了解数据丢失的原因，然后了解丢失的数据是否能够恢复，以及哪些类型的数据能够恢复等。

（一）数据丢失的原因

造成硬盘数据丢失的原因主要有以下4种。

- 硬件原因。硬件原因是指计算机存储设备的硬件故障，如硬盘老化或失效、磁盘划伤、磁头变形、芯片组或其他元件损坏等。通常表现为无法识别硬盘、启动计算机时伴有"咔嚓、咔嚓"或"哐当、哐当"的杂音，或电机不转、通电后无任何声音、读写错误等现象。
- 软件原因。软件原因是指受病毒感染、硬盘零磁道损坏、系统错误或瘫痪等。通常表现为操作系统丢失、无法正常启动系统、磁盘读写错误、找不到所需文件、文件打不开或打开后为乱码、提示某个硬盘分区没有格式化等。
- 自然原因。自然原因是指自然灾害（如水灾、火灾、雷击等），或断电、意外电磁干扰等。通常表现为硬盘损坏或无法识别、找不到文件、文件打不开或打开后为乱码等。
- 人为原因。人为原因是指操作人员的误操作，如误格式化或误分区、误删除或覆盖、不正常退出、人为摔坏或磕碰硬盘等。通常表现为操作系统丢失、无法正常启动、找不到所需文件、文件打不开或打开后为乱码、提示某个硬盘分区没有格式化、硬盘被强制格式化、硬盘无法识别或发出异响等。

（二）能够恢复的硬盘数据

硬盘数据丢失的原因各异，但并不是所有丢失的数据都能恢复。

文件是保存在硬盘中的，读取文件时，系统先从硬盘的根目录区中读取文件的相关信息，如文件名、文件大小、文件的修改日期等，然后定位数据的位置，接着进行读取。硬盘在记录文件时，先要将文件的这些信息（不包括文件的位置）记录到根目录区，之后在数据区选择空间进行放置，并在根目录区记录位置。删除文件时，把根目录区文件的第一个字符改为E5（常规删除，如果用软件覆盖，则数据也不能恢复），也就是说，删除时，文件的数据并没有被删除，这样数据就能够恢复。简单来说就是删除的数据并没有被删除，只是标记为此处空闲，可以再次写入数据。

总之，通常可以恢复的数据是因误删或硬盘逻辑损坏丢失的，数据可能还存在于硬盘上，只是无法访问而已。如果硬盘是被物理损坏或安全擦除，硬盘数据就难以找回了。

三、任务实施

（一）使用 FinalData 恢复删除的文件

FinalData数据恢复软件既能够恢复被完全删除的文件和目录，也能够对数据盘中的主引导扇区和FAT表中损坏、丢失的数据进行恢复，还能够对一些被病毒破坏的数据文件进行恢复。下面介绍使用FinalData恢复一个已经被删除的图片文件，具体操作如下。

微课视频

使用 FinalData 恢复删除的文件

（1）启动FinalData，在主界面中单击"打开"按钮，打开"选择驱动器"对话框，在"逻辑驱动器"选项卡下方的列表框中选择需要恢复的文件对应的驱动器选项，然后单击"确定"按钮，如图8-24所示。

（2）打开"选择要搜索的簇范围"对话框，保持默认设置，单击"确定"按钮，如图8-25所示。

（3）FinalData将开始搜索删除的文件，并显示搜索进度、搜索时间和剩余时间等信息，如图8-26所示。

（4）搜索完成后，在左侧的任务窗格中选择"已删除文件"选项，在右侧的列表框中选择需要恢复的文件，并在其上单击鼠标右键，在弹出的快捷菜单中选择"恢复"命令，如图8-27所示。

图8-24　选择要恢复的文件对应的驱动器

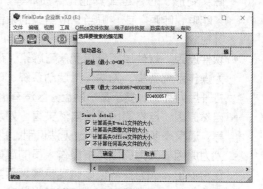

图8-25　设置搜索范围

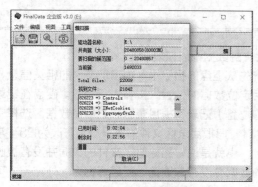

图8-26　开始搜索

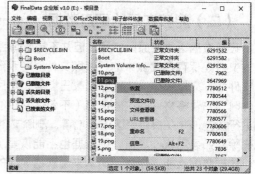

图8-27　恢复删除的文件

（5）打开"选择要保存的文件夹"对话框，在左侧的列表框中选择保存的位置，然后单击"保存"按钮，如图8-28所示。

（6）完成恢复后，打开所保存的文件夹，即可看到恢复的文件，如图8-29所示。

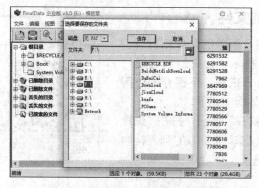

图8-28　选择恢复文件的保存位置

图8-29　查看恢复的文件

（二）使用 EasyRecovery 恢复文本文件

EasyRecovery是一款功能非常强大的硬盘数据恢复工具，它能够恢复丢失的数据和重建文件系统。无论是误删除还是格式化，甚至是硬盘分区丢失导致的文件丢失，EasyRecovery都可以轻松将其恢复。下面介绍使用EasyRecovery恢复文本文件，具体操作如下。

微课视频

使用EasyRecovery
恢复文本文件

（1）启动EasyRecovery，在主界面的"全部"栏中取消选中"所有数据"复选框，在"文档、文件夹和电子邮件"栏中选中"办公文档"复选框，然后单击"下一个"按钮，如图8-30所示。

（2）打开"选择位置"界面，在"共同位置"栏中选中"选择位置"复选框，如图8-31所示。

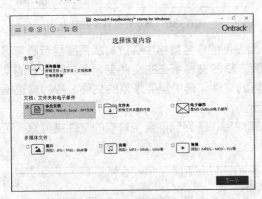

图8-30　选择要恢复的内容

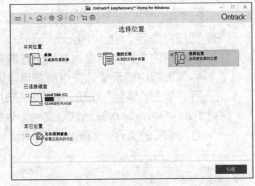

图8-31　选择恢复内容的位置

（3）打开"选择位置"对话框，在左侧的任务窗格中选择一个位置选项，在右侧的列表框中双击需要恢复内容的具体文件夹，然后单击"选择"按钮，如图8-32所示。

（4）返回"选择位置"界面，单击右下角的"扫描"按钮。

（5）EasyRecovery开始迅速扫描指定文件夹中的数据，并弹出提示对话框，显示扫描的结果，同时提示是否存在可以恢复的文件和数据。由于这里没有找到可以恢复的文件，所以单击"关闭"按钮，如图8-33所示，然后在界面正下方单击"深度扫描"右侧的"点击此处"链接。

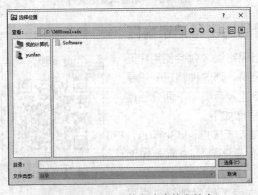

图8-32　选择要恢复内容的文件夹

图8-33　显示扫描结果

（6）EasyRecovery开始深度扫描，即在整个硬盘中寻找可以恢复的文件，并显示扫描进度和各种扫描信息，如图8-34所示。

（7）寻找完成后，EasyRecovery自动罗列出所有可以恢复的数据，如图8-35所示。

图8-34　寻找可以恢复的文件　　　　图8-35　展示可以恢复的数据

（8）扫描完成后，EasyRecovery操作界面左侧的任务窗格中通过树状视图显示所有可以恢复的文件夹列表，在其中选择需要恢复的文件所在的文件夹，在右侧下方的文件列表框中显示文件夹中所有可以恢复的文件，选中需要恢复的文件左侧的复选框后，单击"恢复"按钮，如图8-36所示。

（9）EasyRecovery开始恢复文件。恢复完成后，返回到硬盘中对应的文件夹位置，可看到恢复的文件，如图8-37所示。

图8-36　恢复文件　　　　　　　　图8-37　查看恢复的文件

（三）使用 DiskGenius 修复硬盘的主引导记录扇区

MBR是磁盘的主引导记录扇区，如果MBR出现错误，就会使用户无法进入系统。如果开机后屏幕左上角的光标一直闪动，则这种情况一般是主引导记录扇区损坏造成的，只有修复后才能重新进入系统。下面介绍使用DiskGenius修复硬盘的主引导记录扇区，具体操作如下。

微课视频

使用 DiskGenius 修复硬盘的主引导记录扇区

（1）使用U盘启动计算机，进入Windows PE，启动DiskGenius，选择"磁盘"/"重建主引导记录（MBR）"选项，如图8-38所示。

（2）系统弹出提示对话框，询问用户是否为当前硬盘创建主引导记录，这里单击"是"按钮，如图8-39所示。

（3）DiskGenius开始修复主引导记录，完成后弹出提示对话框，单击"确定"按钮即可。重新启动计算机，如果能够进入操作系统，则修复成功；如果不能进入，则可以通过还原操作系统等方式来修复主引导记录扇区。

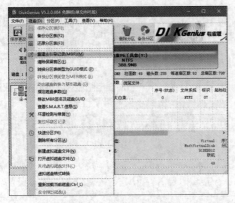

图8-38　选择修复操作　　　　　　　　　　图8-39　确认操作

实训：使用360安全卫士维护计算机安全

一、实训目标

本实训的目标是使用360安全卫士优化加速计算机、清理计算机中的木马，以及修复计算机中的漏洞，并对计算机中的各种Cookie、垃圾、痕迹和插件进行清理，以维护计算机的安全。

二、专业背景

360安全卫士是一款支持国产操作系统的计算机安全维护软件，拥有电脑体检、木马查杀、漏洞修复、清理垃圾、优化加速和软件管家等多种功能，能够应用在维护计算机的各种操作中。

三、操作思路

完成本实训主要包括优化加速、木马查杀、漏洞修复和清理垃圾四大步骤，其操作思路如图8-40所示。

①优化加速　　　　　　　　　　　　　②木马查杀

图8-40　使用360安全卫士维护计算机安全的操作思路

③漏洞修复

④清理垃圾

图8-40　使用360安全卫士维护计算机安全的操作思路（续）

【步骤提示】

（1）启动360安全卫士，在其主界面中单击"优化加速"选项卡，再单击"一键加速"按钮。扫描完成后，用户可以自定义选择需要优化的选项，并单击"立即优化"按钮。

（2）进入木马查杀界面，进行全盘扫描，如果发现木马程序，则进行查杀。

（3）进入漏洞修复界面，扫描操作系统中是否存在漏洞，如果发现漏洞，则选择需要修复的漏洞进行修复。

（4）进入清理垃圾界面，先设置需要清理的选项，然后进行清理操作，最后重新启动计算机。

课后练习

本项目主要介绍了维护计算机的重要性、如何进行日常维护、维护计算机的安全和恢复计算机中丢失的数据等知识。读者应认真学习和掌握本项目的内容，日常维护对于任何使用计算机的用户都是一项必须掌握的技能。

（1）打开机箱，重新拔插相关硬件。

（2）对计算机中重要的文件进行加密。

（3）从网上下载一个最新的杀毒软件，将其安装到计算机中后进行全盘扫描杀毒。

（4）下载并安装天网防火墙，以预防黑客的攻击。

（5）修复操作系统的漏洞。

（6）下载木马克星，对计算机进行木马查杀。

技能提升

（一）清理计算机中的灰尘

灰尘对计算机的损坏很大，不仅影响散热，一旦遇上潮湿的天气还可能会导电，损毁计算机硬件。在维护计算机的过程中，清理灰尘是非常重要的一个环节。

清理灰尘前，需要准备一些必要的工具，如电吹风、小毛刷、十字螺丝刀、硬纸皮、橡皮擦、干净布、风扇润滑油、清水和酒精等。另外，还可以准备一个吹气球或一把硬毛刷。在进行灰尘清理前，注意必须在完全断电的情况下工作，即将所有计算机电源插头全部拔下后再进行工作。工作前，应先清洗双手，并触摸金属水龙头以释放静电。另外，还没过保修期的硬件建议不要拆分。清理计算机灰尘的具体操作如下。

（1）先用螺丝刀将机箱盖拆开（也有部分机箱可以直接用手拆开），然后拔掉所有插头。

（2）将内存拆下，并使用橡皮擦轻轻擦拭金手指，注意不要碰到电子元件。至于电路板部分，使用小毛刷轻轻将灰尘扫掉即可。

（3）将CPU散热器拆下，将散热片和风扇分离，用水冲洗散热片，然后用电吹风吹干即可，风扇则可用小毛刷加布或纸清理干净。将风扇的不干胶撕下，向小孔中滴一滴润滑油（注意不要加太多），接着转动风扇片以便使孔口的润滑油渗进去，最后擦干净孔口四周的润滑油，用新的不干胶封好。在清理机箱电源时，对其风扇也要除尘、加油。

（4）如果有独立显卡，则也需要清理其金手指并加滴润滑油。

（5）对于整块主板来说，可以用小毛刷将灰尘刷掉（不宜用力过大），再用电吹风猛吹（如果天气潮湿，则最好用热风），最后用吹气球做细节处的清理。插槽部分可用硬纸皮插进去，来回拖动几下以达到除尘的效果。

（6）检查光驱和硬盘接口，并用硬纸皮清理。

（7）机箱表面、键盘和显示器的外壳都可用带酒精的布涂抹。清理键盘的键缝需要慢慢用布抹，也可用棉签清理。

（8）显示器最好用专业的清洁剂进行清理，然后用布抹干净。计算机中的各种连线和插头最好都用布抹干净。

（二）维护笔记本电脑

笔记本电脑能否保持良好的状态与使用环境和个人的使用习惯有很大的关系，好的使用环境和使用习惯能够降低维护的复杂程度，并且能最大限度地发挥其性能。在使用笔记本电脑的过程中，需要注意以下3点。

- 注意环境温度。潮湿的环境对笔记本电脑有很大的损伤，长期在潮湿的环境下使用会导致笔记本电脑内部的电子元件遭受腐蚀，加速氧化，从而加快笔记本电脑的损坏。另外，不要将水杯和饮料放在笔记本电脑旁，一旦液体流入，笔记本电脑可能就会报废。

- 保持清洁度。保持在灰尘尽可能少的环境下使用笔记本电脑是非常有必要的，严重的灰尘会堵塞笔记本电脑的散热系统，容易引起内部零件之间的短路，从而使笔记本电脑的使用性能下降，甚至损坏笔记本电脑。

- 防止震动。震动包括跌落、冲击、拍打，以及放置在震动较大的表面上使用。系统在运行时，外界的震动不仅会使硬盘受到伤害，甚至损坏，还会导致外壳和屏幕损坏。另外，请勿将笔记本电脑放置在床、沙发等软性设备上使用，否则容易造成断折和跌落。

（三）计算机软件维护的常见项目

软件故障是常见的计算机故障，特别是频繁安装和卸载软件会产生大量垃圾文件，从而降低计算机的运行速度，因此，软件也需维护。软件维护主要包括以下7个方面。

- 系统盘问题。安装系统时，系统盘分区不要太小，否则需要经常对C盘进行清理。除了必要的程序外，其他软件尽量不要安装在系统盘上，且系统盘的文件格式也要尽可能选择NTFS格式。

- 设置好自动更新。自动更新既可以为计算机的许多漏洞打上补丁，还可以避免病毒利用系统漏洞来攻击计算机，所以用户应设置好系统的自动更新。
- 安装杀毒软件。安装杀毒软件可有效预防病毒入侵。
- 安装防"流氓"软件。网络共享软件很多都捆绑了一些无用插件，初学者在安装这类软件时应注意选择和辨别。
- 保存好所有驱动程序的安装文件。原装驱动程序可能不是最好的，但它一般都是最适用的。最新的驱动程序不一定能更好地发挥老硬件的性能，所以用户不宜过分追求最新的驱动程序。
- 定期维护。清除垃圾文件、整理硬盘里的文件、用杀毒软件深入查杀一次病毒，都是计算机定期维护的主要工作。此外，用户还需每月进行一次磁盘碎片整理，以进行硬盘查错。
- 清理系统桌面。桌面上不宜存放太多东西，以免影响计算机的运行速度和启动速度。

项目九
诊断与排除计算机故障

09

情景导入

在对公司新组装的计算机进行了一次日常维护后，仍然有个别计算机存在蓝屏、鼠标失灵、无法启动和无法上网等问题，老洪便让米拉试着先判断这些故障产生的原因，然后找到处理故障的方法，最后排除故障，将计算机恢复到正常状态。

学习目标

- 掌握诊断和排除计算机故障的相关知识。

  如诊断计算机故障的流程、排除计算机故障的方法、排除计算机软件故障和排除计算机硬件故障等。

- 掌握诊断和排除计算机网络故障的相关知识。

  如测试计算机网络故障的流程、排除本地连接断开的故障、排除 IP 地址冲突的故障等。

素质目标

- 培养对待问题的科学探索精神。

  如通过科学的流程诊断和排除计算机故障，在计算机出现故障后能够通过拆卸硬件来判断故障产生的原因等。

- 提升通过技术上的创新来解决问题的能力。

  如在网上主动学习排除计算机故障的方法，通过专业的流程和步骤排除计算机故障等。

任务一　诊断和排除计算机软件故障

老洪告诉米拉，计算机故障通常以软件故障为主，常见的计算机启动缓慢、运行卡顿和无法正常启动应用软件等故障都属于软件故障的范畴。所以，在诊断与排除计算机故障时，应该先考虑软件的因素，以排除计算机的软件故障。

一、任务目标

本任务将介绍计算机故障排除的基本原则和诊断计算机故障的基本流程等相关知识，主要包括进入计算机的安全模式排除计算机软件故障和使用Windows 10操作系统自带的故障处理功能等。通过本任务的学习，可以掌握诊断和排除计算机软件故障的相关操作。

二、相关知识

在诊断和排除计算机故障前，可以先了解一些计算机故障排除的基础知识。

（一）计算机故障排除的基本原则

计算机故障排除的基本原则大致有以下7点。

- 仔细分析。在处理故障之前，用户应先根据故障的现象分析该故障的类型，以及应选用哪种方法进行处理。切忌盲目动手，扩大故障范围。
- 先软后硬。排除软件故障比排除硬件故障更容易，所以用户应首先分析操作系统和软件是否为故障产生的原因（具体可以通过检测软件或工具排除软件故障），然后检查是否为硬件的故障。
- 先外后内。首先检查键盘、鼠标等外部设备是否正常，然后查看电源、信号线的连接是否正确，再排除其他故障，最后拆卸机箱，检查内部的硬件是否正常，尽可能不盲目拆卸部件。
- 多观察。充分了解计算机所用的操作系统和应用软件的相关信息，以及产生故障部件的工作环境、工作要求和近期所发生的变化等情况。
- 先假后真。有时候只是电源没开或数据线没有连接等原因造成的"假故障"，所以用户应先确定该硬件是否确实存在故障，以及检查各硬件之间的连线是否正确、安装是否正确等。
- 先电源后部件。主机电源是计算机正常运行的关键，遇到供电等故障时，用户应先检查电源连接是否松动、电压是否稳定、电源工作是否正常等，然后检查主机电源功率能否使各硬件稳定运行，以及各硬件的供电及数据线连接是否正常等。
- 先简单后复杂。先对简单易修故障进行排除，再对困难的、较难解决的故障进行排除。有时将简单故障排除之后，较难解决的故障也会变得容易排除，从而使故障逐渐简单化。

（二）诊断计算机故障的基本流程

在计算机出现故障时，用户首先需要判断问题是出在软件、内存、主板、显卡和电源等方面，还是出现在其他方面，如果无法确定，则需要按照一定的顺序来诊断故障。图9-1所示为一台计算机从开机到使用过程中诊断计算机故障的基本流程。

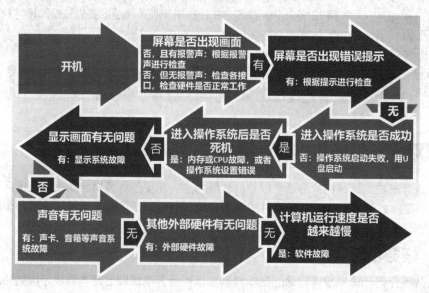

图9-1　诊断计算机故障的基本流程

三、任务实施

（一）进入安全模式排除计算机软件故障

Windows 10操作系统的很多系统故障都可以通过进入安全模式来排除，包括删除一些顽固文件、清除病毒、解除组策略的锁定、修复系统故障、恢复系统设置、找出恶意的自启动程序或服务和卸载不正确的驱动程序等。Windows 10操作系统进入安全模式的操作与其他版本的Windows操作系统进入安全模式的操作不同，具体操作如下。

微课视频
进入安全模式排除计算机软件故障

（1）在Windows 10桌面中按【Win+R】组合键，打开"运行"对话框，在"打开"文本框中输入"msconfig"，单击"确定"按钮，如图9-2所示。

（2）在打开的对话框中单击"引导"选项卡，在"引导选项"栏中选中"安全引导"复选框和"最小"单选项，然后单击"确定"按钮，如图9-3所示。

图9-2　"运行"对话框

图9-3　设置启动安全模式

（3）在弹出的提示对话框中单击"重新启动"按钮，重新启动计算机后，即可进入安全模式。

多学一招　　　　　　　　　**其他进入安全模式的方法**

　　　　单击"开始"按钮，在弹出的"开始"菜单中单击"电源"按钮，然后按住【Shift】键，在弹出的子菜单中选择"重启"命令，在打开的"选择一个选项"界面中选择"疑难解答"选项，然后依次在打开的界面中选择"高级选项"/"启动设置"选项，在打开的"启动设置"界面中单击"重启"按钮，界面中将显示多个选项，在其中选择安全模式对应的选项后，也可进入安全模式。

（二）使用 Windows 10 操作系统自带的故障处理功能

下面使用Windows 10操作系统自带的故障检测和处理功能诊断和排除计算机软件故障，具体操作如下。

微课视频
使用 Windows 10 操作系统自带的故障处理功能

（1）选择"开始"/"Windows系统"/"控制面板"选项，打开"控制面板"窗口，在其中单击"查看你的计算机状态"链接，如图9-4所示。

（2）在打开的"安全和维护"窗口中单击"Windows程序兼容性疑难解答"链接，如图9-5所示。

图9-4　单击"查看你的计算机状态"超链接

图9-5　查看故障问题

（3）在打开的"程序兼容性疑难解答"对话框中单击"下一步"按钮，如图9-6所示。

（4）在打开的界面的列表框中选择有问题的程序，然后单击"下一步"按钮，如图9-7所示。

图9-6　开始解决兼容性问题

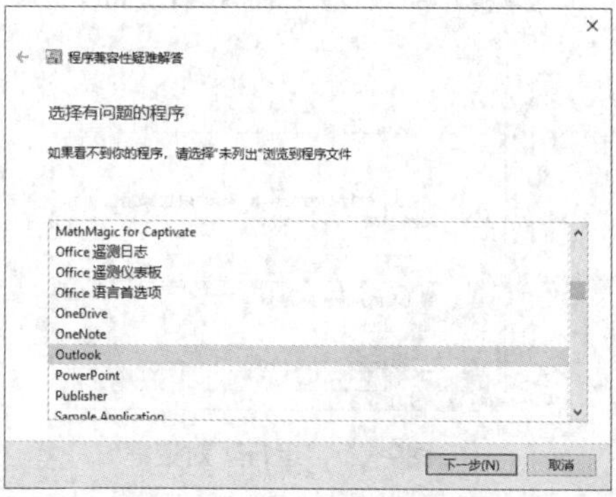

图9-7　选择有问题的程序

（5）在打开的界面中选择故障排除选项，如图9-8所示。

（6）Windows操作系统将通过一系列的对话框向用户搜集故障的相关信息，并根据这些信息对故障进行排除，排除后将打开图9-9所示的界面，用户可以根据故障的排除情况选择不同的选项，以最终解决程序兼容性问题。

图9-8　选择故障排除选项

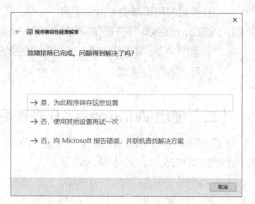

图9-9　确认问题解决与否

任务二   诊断和排除计算机硬件故障

排除计算机软件故障后，米拉发现有几台计算机仍然无法正常启动。例如，其中一台计算机一启动就发出"嘀嘀——"的声音。老洪认为应该是这台计算机的硬件出现了故障，于是他让米拉拔插一下内存，看看能否排除故障。

一、任务目标

本任务将介绍导致计算机故障产生的重要因素和诊断计算机故障的常用方法等相关知识，主要包括排除计算机硬件故障的操作。通过本任务的学习，可以掌握诊断和排除计算机硬件故障的相关操作。

二、相关知识

计算机故障排除的基础知识包括导致故障产生的重要因素和诊断故障的方法。

（一）导致故障产生的重要因素

计算机硬件的质量、软硬件之间的兼容性、工作环境、使用和维护是导致计算机故障产生的重要因素。

1．硬件质量

生产厂商如果使用一些质量较差的电子元件（甚至使用假冒产品或伪劣部件），就很容易引发计算机的硬件故障，主要包括以下3种情况。

- 电子元件质量较差。有些硬件生产过程中可能会使用一些质量一般的电子元件或减少其数量，导致硬件达不到设计要求，从而影响产品的质量，造成故障。
- 电路设计缺陷。硬件的电路设计应该遵循一定的工业标准，如果电路设计有缺陷，在使用过程中就很容易出现故障。
- 假冒产品。有些硬件使用其他品牌的元件代替标准规定的品牌，导致硬件产品质量降低。

2．兼容性

兼容性是指硬件与硬件、软件与软件，以及硬件与软件之间能够相互支持并充分发挥性能的特性。计算机中的软件和硬件可能都不是由同一厂商生产的，虽然这些厂商都按照了统一的标准进行生产，但仍有不少厂商的产品之间存在兼容性问题，从而导致计算机故障。

- 硬件兼容性。计算机出现硬件兼容性问题通常是在组装计算机完成后，第一次启动时就会出现故障（如蓝屏），解决的方法往往只能是更换硬件。
- 软件兼容性。软件兼容性问题主要是由操作系统自身的某些设置拒绝运行某些软件中的某些程序引起的。软件兼容性问题相对容易解决，下载并安装软件补丁程序即可。

3．工作环境

计算机硬件对环境的要求较高，当环境中的某些因素不符合硬件正常运行的标准时就会引发计算机故障。

- 灰尘。灰尘附着在计算机硬件上，会妨碍硬件在正常工作时的散热。例如，计算机主板上的芯片故障很多都是由灰尘引起的。
- 温度。如果工作环境温度过高，就会影响计算机散热，甚至还会造成短路。因此，当夏天温度过高时，一定要注意计算机散热。另外，还应避免日光直射到计算机和显示屏上。
- 电源。计算机的电源应具有良好的接地系统，电压过低或过高，都有可能导致硬件元件损坏。如果经常停电，则应使用不间断电源（Uninterruptible Power Supply,UPS）来保护计算机，使其在电源中断的情况下也能从容关机。
- 电磁波。计算机对电磁波的干扰比较敏感，较强的电磁波干扰可能会造成硬盘数据丢失或显示屏画面抖动。
- 湿度。计算机正常工作对环境湿度有一定的要求，湿度太高会影响计算机配件的性能，甚至会引起一些配件短路；而湿度太低又易产生静电，损坏配件。

4. 使用和维护

使用和维护不当也会导致计算机故障。

- 带电拔插。大多数硬件都不能在未断电时进行拔插，带电拔插很容易造成短路，将硬件烧毁。
- 带静电触摸硬件。静电可能会损坏计算机中的芯片，因此，用户在维护硬件前应当释放静电。另外，用户可以在组装计算机时将机箱用导线接地，从而获得很好的防静电效果。
- 安装不当。安装独立显卡、网卡或声卡等硬件时，需要用螺丝将其固定在适当位置，如果安装不当，就可能导致板卡变形，最后因接触不良而导致计算机故障。
- 安装错误。计算机硬件在主板中都有其固定的接口或插槽，如果安装错误，则可能会因为该接口或插槽的额定电压不对而造成硬件短路等故障。
- 板卡被划伤。计算机中的板卡一般都是分层印制的电路板，如果被划伤，则其中的电路或线路可能会被切断，从而导致短路故障，甚至烧毁板卡。

（二）诊断故障的方法

诊断计算机故障的常用方法是用眼睛看、用手指摸、用耳朵听和用鼻子闻。

- 用眼睛看。看就是观察，一是观察是否有杂物掉进了电路板的元件之间，元件上是否有氧化或腐蚀的地方；二是观察各元件的电阻、电容引脚是否相碰、断裂或歪斜；三是观察板卡的电路板上是否有虚焊、元件短路、脱焊或断裂等现象；四是观察各板卡插头与插座的连接是否正常、是否歪斜；五是观察主板或其他板卡的表面是否有烧焦的痕迹、印制电路板上的铜箔是否断裂、芯片表面是否开裂、电容是否爆开等。
- 用手指摸。用手触摸元件表面，根据其温度来判断元件是否正常工作、板卡是否安装到位，以及是否出现了接触不良等现象。一是在设备运行时触摸或靠近有关电子部件，根据其温度粗略判断设备运行是否正常；二是摸板卡，看是否有松动或接触不良的情况，若有，则应将其固定；三是触摸芯片表面，若温度很高甚至烫手，则说明该芯片可能已经损坏了。
- 用耳朵听。计算机硬件出现故障时通常会发出异常的声响，通过听电源、CPU散热器风扇、硬盘和显示器等设备工作时产生的声音，也可以判断计算机是否存在故障及产生故障的原因。
- 用鼻子闻。某些计算机故障会伴有烧焦的气味，这种情况说明某个电子元件已经被烧毁了，用户应尽快寻找气味源以确定故障区域，并排除故障。

三、任务实施

（一）拔插硬件诊断故障

拔插法是一种比较常用的故障诊断方法，主要是通过拔插板卡后观察计算机的运行状态来判断故障产生的位置和原因。通过拔插法还能解决一些由板卡与插槽接触不良而造成的故障。拔插硬件的主要操作步骤如下。

（1）拔出内存，处理内存金手指的氧化问题（用橡皮擦擦金手指），然后将内存重新插入。

（2）拔插硬盘，将硬盘的数据线和电源线插头重新拔插。如果是M.2硬盘，则处理金手指氧化问题后再重新插入。

（3）拔插独立板卡，包括显卡、网卡或声卡，同样需要处理金手指氧化的问题。

（4）CPU和CPU散热器通常不需要拔插。在确认其他硬件没有问题的情况下，可以拔插CPU和CPU散热器，并清理CPU和CPU散热器上的灰尘。注意，在安装时最好重新在CPU背面涂抹散热硅脂。

（二）替换硬件诊断故障

替换法是一种使用相同或相近型号的板卡、电源、硬盘、显示器和外部设备等部件来替换原来的部件，以分析和排除故障的方法，替换部件后如果故障消失，则表示被替换的部件存在问题。替换硬件的主要操作步骤如下。

（1）将出现故障的计算机内存或硬盘替换到另一台运行正常的计算机上试用，如果运行正常，则说明该硬件没有问题；如果不正常，则说明该硬件可能存在故障。

（2）用正常的主板或CPU替换故障计算机中的相同部件，如果计算机使用正常，则说明CPU或主板可能存在故障；如果故障依旧，则说明问题不在CPU或主板上。

（三）最小系统诊断故障

使用最小系统诊断计算机是否存在故障时，主要包括保留主板、显卡、内存、CPU进行故障检测和保留主板进行检测两大操作，最后逐一检测硬件，具体操作如下。

（1）将硬盘、光驱等部件取下，然后通电启动计算机，如果计算机不能正常运行，则说明故障出在硬件本身，此时可将目标集中在主板、显卡、CPU和内存上；如果能启动，则可将目标集中在硬盘和操作系统上。

（2）将计算机拆卸为只由主板、喇叭及开关电源组成的系统，如果打开电源后系统有报警声，则说明主板、喇叭及开关电源基本正常。

（3）逐步加入其他部件，以扩大最小系统。在扩大最小系统的过程中，若发现加入某部件后的计算机运行由正常变为不正常，则说明刚刚加入的计算机部件有故障，找到了故障根源后，更换该部件即可。

（四）诊断并排除常见的计算机硬件故障

下面介绍常见的计算机硬件故障及其排除方法。

- CPU温度过高。CPU温度过高通常都是散热器的问题，如果散热器无法保证CPU正常工作，则需要进行更换。
- 主板变形或电容故障。主板变形通常是因为安装不当造成的，需要矫正，如果矫正后故障仍然不能排除，则可能是因为主板中的线缆因变形而损坏，这需要找专业人员进行维修。电容出现故障通常会伴有焦煳味、短路、温度极高和表面破裂等现象，这就需要更换电容，此操作通常也需要由专业人员进行。
- 内存金手指氧化。金手指氧化是常见的内存故障，只需要找到金手指上的氧化痕迹，用橡皮擦将其擦除干净，然后重新将其插入主板的内存插槽中即可排除故障。
- 检测不到固态盘。开机时检测硬盘失败，无法正常启动计算机时，可以按照以下顺序排除故障，首先检查电源的功率，如果电源功率较低，那么在使用一段时间后，可能会存在衰退现象，从而导致供电不足，无法支持固态盘的正常启动，如果是这种问题，则可以使用大功率电源替换的方法排除故障；然后检查固态盘与主板的兼容性问题，这种兼容性问题会导致开机时找不到硬盘，此时可以通过升级主板BIOS的方式排除故障；最后若未检查出问题，则需要认真检查硬盘与主板的接口处，如果有烧坏的痕迹，则需要送到专业维修机构进行维修。

- 检测不到机械硬盘。开机时检测硬盘有时失败，并显示"Primary master hard disk fail"字样，而有时却能检测通过并正常启动，此时可以按照以下顺序排除故障。检查硬盘数据线是否松动，若是则换成新的数据线。若开机后仍然出现问题，则可以把硬盘换到其他计算机中测试，以确认数据线和接口无问题。若未出现故障，则可以更换一个正常的电源进行测试。若依然未出现问题，则需要认真检查硬盘的电路板，如果有烧坏的痕迹，则需要送到专业维修机构进行维修。

- 显卡导致显示器花屏。花屏的故障原因有以下几种。一是显示器或者显卡不能支持高分辨率，显示器分辨率设置不当，此时可切换到安全模式，重新设置显示器的显示分辨率；二是显卡的芯片散热效果不良，此时可加装散热片或更换散热器；三是显存损坏，此时可更换显存或者直接更换显卡；四是显卡插槽或插座中有灰尘、金手指被氧化，此时可根据具体情况清理灰尘，再用橡皮把金手指氧化部分擦亮。

- 鼠标指针在使用中突然不动。一是检查计算机是否死机，死机则重新启动计算机；如果没有死机，则拔插鼠标与主机的接口，然后重新启动计算机。二是检查"设备管理器"中鼠标的驱动程序是否与所安装的鼠标类型相符。三是检查鼠标底部是否有模式设置开关，如果有，则试着改变其位置，然后重新启动计算机；如果问题还没有解决，则把开关拨回原来的位置。四是检查鼠标的接口是否有故障，如果没有，则可拆开鼠标底盖，检查光电接收电路系统是否有问题，并采取相应的措施。五是检查鼠标驱动程序与另一串行设备的驱动程序是否兼容，如果不兼容，则需要断开另一串行设备的连接，并删除驱动程序。六是将另一只正常的、相同型号的鼠标与主机相连，然后重新启动计算机，以查看鼠标的使用情况。如果以上方法仍不能解决问题，则可怀疑是主板的接口电路有问题，此时只能更换主板或找专业维修人员维修。

- 检测不到键盘。一是用杀毒软件对系统进行杀毒，重新启动计算机后，检查键盘驱动程序是否完好。二是用替换法将另一只正常的、相同型号的键盘与主机连接，然后开机查看。三是检查键盘是否有模式设置开关，如果有，则试着改变其位置，然后重新启动计算机；若问题没被解决，则把开关拨回原位。四是拔下键盘与主机的接口，检查接触是否良好，然后重新启动计算机。五是拔下键盘的接口，换一个接口插上去，并把BIOS中对接口的设置做相应的修改，然后重新开机查看；如果还不能使用键盘，则说明是键盘的硬件发生了故障，此时可检查键盘的接口和连线有无问题。六是检查键盘内部的按键或无线接收电路系统有无问题，或者重新检测或安装键盘及驱动程序后再进行尝试。七是检查BIOS是否被修改，如果被病毒修改，则应重新设置，然后再次开机查看。若进行以上检查后故障仍然存在，则可能是主板线路有问题，此时只能找专业维修人员维修。

任务三　诊断和排除计算机网络故障

所有计算机正常启动后，公司恢复到了日常的工作状态。但是，米拉又接到了几个同事的电话，说计算机无法连接网络，而且都弹出了IP地址冲突的提示框。老洪提醒米拉，这是一种常见的计算机网络故障，重新为计算机手动设置新的IP地址就能使其恢复正常。

一、任务目标

本任务将介绍网络故障测试命令和测试网络故障的流程等相关知识，主要包括常用的排除计算机网络故障的操作。通过本任务的学习，可以掌握诊断和排除计算机网络故障的相关操作。

二、相关知识

诊断和排除计算机网络故障的基础知识包括常用的网络故障测试命令和测试网络故障的流程。

（一）常用的网络故障测试命令

常用的网络故障测试命令有以下4个。

- ping。ping命令是最常用的网络测试命令，用于确定网络的连通性，其语法格式为"ping IP地址或主机名参数"。
- ipconfig。ipconfig命令用于显示IP的具体配置信息，如网卡的物理地址、主机的IP地址、子网掩码和默认网关，以及主机名、DNS服务器和节点类型等，其语法格式为"ipconfig/参数"，通常使用"ipconfig/all"就能查看这些信息。
- netstat。netstat命令用于显示活动的TCP连接、计算机侦听的端口、以太网统计信息、IP 路由表、IPv4 统计信息（如IP、ICMP 、TCP 和UDP）和IPv6 统计信息（如IPv6、ICMPv6、通过IPv6的TCP和UDP），其语法格式为"netstat参数"，通常使用"netstat"直接显示活动的TCP连接。
- tracert。tracert命令用于显示数据包到达目标主机所经过的路径，并显示到达每个节点的时间，其功能与ping命令类似，但测试的内容更详细。该命令适用于大型网络，其语法格式为"tracert IP地址或主机名参数"。

多学一招　　　　**ping命令无法使用，但计算机网络连接正常**

很多计算机或者服务器为了防止被非法攻击，通常会开启防火墙功能，一旦防火墙关闭了 ICMP 回显响应功能，就会使用户在使用 ping 命令时无法连接，但该计算机的网络连接是正常的。

（二）测试网络故障的流程

网络故障通常是由硬件和连接设置造成的，测试网络故障可以根据以下流程进行。

（1）检测硬件。检测网络中的各个硬件是否正常工作、网线接头等是否插牢。

（2）查看本地网络设置。使用"ipconfig/all"查看本地网络设置是否正确。

（3）确认网卡正常。使用"ping 127.0.0.1"检查网卡。

（4）检查本机IP设置。使用"ping 本机IP地址"查看本机IP地址是否有设置错误。

（5）检查局域网。使用"ping 本网网关或局域网中其他IP地址"检查硬件设备是否有问题，也可以检查本机与本地网络连接是否正常（非局域网用户可以忽略这一步）。

（6）测试远程网络连接。使用"ping 远程IP地址或网络地址"检查本地网络或计算机与外部的连接是否正常。

三、任务实施

（一）排除本地连接断开的故障

本地连接断开的故障通常是由系统软件识别不出网络导致的，此时只需要找到并重新启动本地连接即可排除故障，具体操作如下。

微课视频

排除本地连接断开的
故障

（1）在操作系统桌面右下角的"未连接-连接不可用"网络图标
上单击鼠标右键，在弹出的快捷菜单中选择"打开'网络和
Internet'设置"命令。

（2）打开"设置"窗口，在右侧的"状态"列表框中单击"网络
和共享中心"链接。

（3）打开"网络和共享中心"窗口，在左侧的任务窗格中单击
"更改适配器设置"链接，如图9-10所示。

（4）打开"网络连接"窗口，找到已经被禁用的本地连接，在其上单击鼠标右键，在弹
出的快捷菜单中选择"启用"命令，如图9-11所示，即可重新连接到Internet中。

图9-10　查看网络信息

图9-11　启用网络连接

（二）排除本地连接正常但无法上网的故障

本地连接正常但无法上网的故障通常是由IP地址出错引起的，此时
可重新设置计算机的IP地址来排除故障，具体操作如下。

微课视频

排除本地连接正常但
无法上网的故障

（1）在操作系统桌面右下角的"网络-Internet访问"网络图标
上单击鼠标右键，在弹出的快捷菜单中选择"打开'网络和
Internet'设置"命令。

（2）打开"设置"窗口，在右侧的"状态"列表框中单击"网络
和共享中心"链接。

（3）打开"网络和共享中心"窗口，在左侧的任务窗格中单击"更改适配器设置"链接。

（4）打开"网络连接"窗口，在"以太网"图标上单击鼠标右键，在弹出的快捷菜单中
选择"属性"命令。

（5）打开"以太网 属性"对话框，在"此连接使用下列项目"栏中双击"Internet协议
版本4（TCP/IPv4）"选项。

（6）打开"Internet协议版本4（TCP/IPv4）属性"对话框，选中"自动获得IP地址"
和"自动获得DNS服务器地址"单选项，然后单击"确定"按钮。

（7）如果仍然不能上网，用户就需要选中"使用下面的IP地址"和"使用下面的DNS服务
器地址"单选项，并在"IP地址""子网掩码""默认网关""首选DNS服务器"数值
框中输入新的IP地址等内容，为计算机手动设置IP地址，然后将其连接到Internet中。

（三）排除IP地址冲突的故障

IP地址冲突故障的产生原因通常是局域网中有两台或两台以上的设备设置了相同的IP地

址，且子网掩码也一样。排除该故障的方法就是手动为出现故障的计算机设置一个不冲突的IP地址，具体操作如下。

（1）按【Win+R】组合键，打开"运行"对话框，在"打开"文本框中输入"cmd"，然后单击"确定"按钮。

（2）打开cmd工具的管理员窗口，在命令提示符处输入"ipconfig"，按【Enter】键后，屏幕上将显示本计算机的IP地址等信息，如图9-12所示。

（3）输入"arp -a"文本，然后按【Enter】键，屏幕将显示局域网中的所有IP地址，此时可发现本计算机与局域网中另一台计算机的IP地址一样，如图9-13所示。

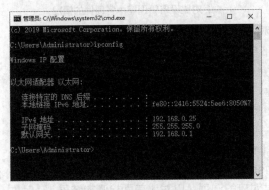

图9-12　查看本机网络信息

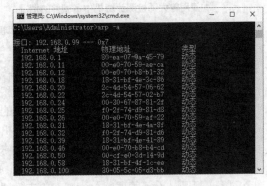

图9-13　查看局域网中的所有IP地址

（4）选择一个与其他IP地址不冲突的IP地址，然后将其手动设置为本计算机的IP地址，即可排除IP地址冲突的故障。

实训：　检测计算机的硬件设备

一、实训目标

本实训的目标是使用鲁大师和操作系统的设备管理器来检测计算机的各种硬件，以查看计算机硬件是否存在问题，从而使读者进一步加深对各种计算机硬件的了解。

二、专业背景

计算机作为一种办公和家用的常用电子产品，其排除故障的工作已经发展成了一个行业，它不仅涉及计算机软硬件的维修，还包括计算机各种外设和线缆，以及计算机网络的故障排除。随着移动网络和物联网的发展，这个行业的潜力和发展前途将更加广阔，对专业维修人员的需求也会更加迫切。认真学好计算机维修技术，对排除计算机故障会有很大的帮助。

三、操作思路

完成本实训主要包括使用鲁大师检测计算机中各硬件的情况和对比设备管理器中各硬件的情况两大步骤，其操作思路如图9-14所示。

①使用鲁大师检测计算机中各硬件的情况　　②对比设备管理器中各硬件的情况

图9-14　检测计算机硬件设备的操作思路

【步骤提示】

（1）下载并安装鲁大师，然后启动软件，对计算机硬件进行检测，并分别查看各个硬件的相关信息，包括型号、生产日期和生产厂家等。

（2）单击"温度管理"选项卡，对硬件的温度进行检测，并测试温度压力。

（3）单击"性能测试"选项卡，对计算机性能进行测试，并得出分数。

（4）在Windows 10操作系统的桌面中按【Win+R】组合键，打开"运行"对话框，在"打开"文本框中输入"devmgmt.msc"，然后按【Enter】键。

（5）打开"设备管理器"窗口，单击各硬件对应的选项，以对比前面检测的结果。

课后练习

本项目主要介绍了排除计算机故障的一些基本知识，包括计算机故障的产生原因、通过系统报警等方法确认故障类型，以及排除故障的基本原则、一般步骤和注意事项等内容。读者应认真学习和掌握本项目的内容，为具体的故障排除打下良好的基础。

（1）按照本项目所讲解的故障排除方法，对计算机进行一次全面的故障诊断。

（2）找到一台出现故障的计算机，根据本项目所学知识，判断其故障产生的原因。

技能提升

（一）故障排除的注意事项

排除计算机故障时，为了保证工作顺利进行，还需要注意以下4点。

- 保持洁净明亮的环境。保持环境洁净的目的是避免将拆卸下来的电子元件弄脏，影响故障的判断；保持环境明亮的目的是便于对一些较小的电子元件故障进行排除。

- 远离电磁环境。计算机对环境的电磁要求较高，因此用户在排除故障时，要注意远离电磁场较强的大功率电器，如电视和冰箱等，以免这些电磁场对故障排除产生影响。

- 不带电操作。在拆卸计算机进行检测和维修时，一定要先将主机电源断开，然后做好相应的安全保护措施，以保证设备和自身的安全。

- 小心静电。为了保护自身和计算机部件的安全，在进行检测和维修前，维修人员应将手上的静电释放，最好戴上防静电手套。

（二）预防计算机死机

对于计算机死机的故障，用户可以提前做好以下8点应对措施，以降低死机故障出现的概率。

- 在安装和更换硬件时一定要将硬件插好，以防止接触不良引起系统死机。
- 在运行大型应用软件时，不要在运行状态下退出正在运行的程序，否则可能会引起系统死机。
- 在应用软件未正常退出时，不要关闭电源，以免造成系统文件损坏或丢失，从而引起系统死机。
- CPU和显卡等硬件不要超频过高，同时还要注意散热。
- 最好配备稳压电源，以免电压不稳时造成死机。
- 不要轻易使用来历不明的移动存储设备；电子邮件所带的附件要用杀毒软件检查后再使用，以免感染病毒导致死机。
- 在安装应用软件的过程中，若出现对话框询问"是否覆盖文件"，则最好选择不覆盖。通常来讲，当前系统文件是最好的，不能根据时间的先后来决定覆盖文件。
- 在卸载软件时，不要轻易删除共享文件，因为某些共享文件可能会被系统或者其他程序使用，一旦删除这些文件，就可能使其他应用软件无法启动，从而导致死机。

（三）排除计算机故障前应收集的硬件资料

在找到故障的根源后，用户就需要收集该硬件的相关资料，主要包括计算机的配置信息、主板型号、CPU型号、BIOS版本、显卡的型号和操作系统版本等，该操作有利于维修人员判断是否是兼容性问题或版本问题引起的故障。另外，用户可以到网上收集排除该类故障的相关方法，借鉴别人的经验，找到更好、更快的故障排除方案。

项目十
综合实训

10

为了培养读者独立完成组装与维护计算机的能力，提高就业综合素质和创意思维能力，以及加强教学的实践性，本项目精心挑选了 7 个综合实训，分别围绕模拟设计不同用途的计算机配置、拆卸并组装计算机、配置一台新计算机、对计算机进行优化与维护、模拟计算机系统、组建小型局域网和计算机的维护与故障排除展开。完成实训后，读者可以进一步掌握计算机组装与维护的相关操作，巩固所学的知识。

实训一　模拟设计不同用途的计算机配置

【实训目的】

通过实训掌握计算机各种硬件选购的相关知识，具体要求与实训目的如下。

- 熟悉计算机的各种硬件性能参数。
- 熟练掌握选购各种硬件的方法。
- 熟练掌握各种硬件搭配，并能为特定用户设计合适的计算机组装方案。

【实训步骤】

（1）选择硬件。通过中关村在线模拟攒机频道选择相应的硬件。

（2）生成报价单。拟定4套不同的装机配置方案（4套方案分别为办公型、游戏型、视频处理型和网吧型），并生成新的报价单。

（3）参考网上的方案。在"中关村在线"网站中参考各种模拟装机方案。

【实训参考效果】

本次实训的主要步骤是选择硬件，其参考效果如图10-1所示。

【实训讨论】

根据实训操作讨论以下几个问题，并将结论填写到下面的横线上。

1. 本实训涉及哪些重要的知识与技能？
2. 本实训操作的重点与难点有哪些？
3. 根据实训过程总结在制作计算机配置方案时要考虑哪些影响因素？

4. 通过实训可以提升哪些能力和素质？

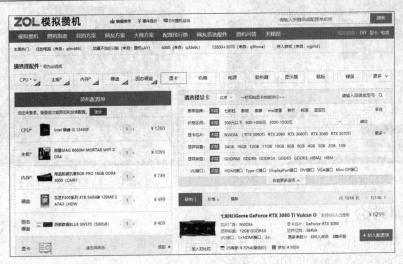

图10-1　选择硬件

//// 实训二　拆卸并组装计算机

【实训目的】

通过实训掌握组装计算机的相关操作，具体要求及实训目的如下。

- 熟练掌握拆卸外部设备的顺序和操作。
- 熟练掌握组装外部设备的顺序和操作。
- 熟练掌握拆卸计算机机箱中各设备的顺序和操作。
- 熟练掌握组装计算机机箱中各设备的顺序和操作。
- 了解组装计算机操作过程中的各种注意事项。

【实训步骤】

（1）断开外部连接。分别断开显示器和主机的电源开关，并拔掉显示器的电源线和数据线，以及连接主机的电源线、鼠标线、键盘线、音频线及网线等。

（2）拆卸计算机主机硬件。打开机箱的侧面板，拆卸显卡、机械硬盘的数据线及电源线、固态盘、内存条和CPU等，接着拔掉主板上的各种信号线（注意记忆各种信号线的连接位置），最后拆卸主板，并为这些硬件清理灰尘，再将其放置在一起。

（3）组装计算机主机。将CPU、CPU风扇和内存安装到主板上，再安装主板，并将显卡安装到主板上，接着安装固态盘和机械硬盘，并为机械硬盘连接数据线和电源线，为主板连接所有信号线，最后检查机箱内的所有连接，确认无误后安装机箱侧面板。

（4）连接计算机外部设备。连接鼠标线、键盘线、音频线及网线，再连接主机的电源线和显示器数据线，然后进行开机测试。

【实训参考效果】

本实训中拆卸计算机主机硬件后的参考效果如图10-2所示，组装好的计算机参考效果如图10-3所示。

图10-2　拆卸计算机主机硬件后的参考效果

图10-3　组装好的计算机

【实训讨论】

根据实训操作讨论以下几个问题，并将结论填写到下面的横线上。

1. 本实训涉及哪些重要的知识与技能？
2. 本实训操作的重点与难点有哪些？
3. 根据实训过程总结出组装计算机的一般流程是怎样的？
4. 通过实训可以提升哪些能力和素质？

_____

_____

_____

_____

实训三　配置一台新计算机

【实训目的】

通过实训掌握配置一台新计算机的相关操作，具体要求及实训目的如下。

- 熟练掌握设置BIOS的操作。
- 熟练掌握硬盘分区和格式化分区的操作。
- 熟练掌握安装操作系统的操作。
- 熟练掌握安装驱动程序的操作。
- 熟练掌握安装各种软件的操作。

【实训步骤】

（1）设置BIOS。进入BIOS，设置系统日期和时间、系统的启动顺序（首先是USB设备，然后是固态盘，最后是机械硬盘）、CPU的报警温度和保护温度，以及BIOS用户密码等，然后保存所有设置并退出。

（2）硬盘分区。使用U盘启动计算机，然后使用DiskGenius对硬盘进行分区（分为3个分区，其中一个是主分区，两个是逻辑分区）。

（3）格式化硬盘。使用DiskGenius格式化硬盘分区。

（4）安装操作系统。从网上下载国产银河麒麟操作系统到移动硬盘或U盘中，然后使用U盘启动计算机，并将下载的国产操作系统安装到主分区中。

（5）安装驱动程序。从网上下载显卡、网卡和声卡的最新驱动程序，并将其安装到操作系统中，或者将已安装的驱动程序升级到最新。

（6）安装各种软件。安装WPS Office办公软件、360杀毒软件、360安全卫士软件、WinRAR压缩软件和QQ实时通信软件。

【实训参考效果】

本实训的操作较多，其参考步骤如图10-4所示。

图10-4　配置一台新计算机的参考步骤

【实训讨论】

根据实训操作讨论以下几个问题，并将结论填写到下面的横线上。

1. 本实训涉及哪些重要的知识与技能？
2. 本实训操作的重点与难点有哪些？
3. 根据实训过程总结出安装操作系统的基本流程是怎样的？
4. 通过实训可以提升哪些能力和素质？

实训四　对计算机进行优化与维护

【实训目的】

通过实训掌握对计算机进行优化和维护的相关操作，具体要求及实训目的如下。

- 熟练掌握优化计算机的相关操作。
- 熟练掌握使用Ghost备份和还原操作系统的操作。
- 熟练掌握使用360安全卫士维护计算机的操作。
- 熟练掌握使用360杀毒维护计算机的操作。
- 熟练掌握加密操作系统和文件的操作。

【实训步骤】

（1）优化操作系统。优化Windows 10操作系统，包括优化系统启动项、清理垃圾文件和优化系统服务等，然后使用Windows优化大师一键优化操作系统。

（2）使用Ghost备份操作系统。使用U盘启动计算机，然后使用Ghost对系统盘进行备份。

（3）使用Ghost还原操作系统。使用Ghost根据前面创建的镜像文件还原操作系统，并查看还原前后的区别。

（4）使用360安全卫士维护操作系统。首先使用360安全卫士设置木马防火墙并查杀计算机中的木马，然后修复操作系统中的漏洞，接着进行系统修复和清理垃圾文件的操作，并对操作系统的启动项进行设置，最后使用360安全卫士的电脑体检功能对计算机进行一次全面的安全维护。

（5）使用360杀毒维护操作系统。先升级病毒库，然后对计算机进行一次全盘病毒查杀。

（6）加密操作系统和文件。设置操作系统的登录密码，并为计算机中的重要文件设置密码。

【实训参考效果】

本实训的操作较多，其参考步骤如图10-5所示。

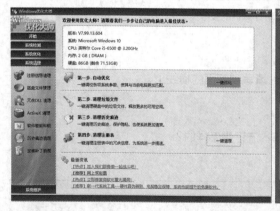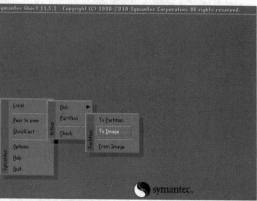

图10-5　对计算机进行优化和维护的参考步骤

图10-5　对计算机进行优化和维护的参考步骤（续）

【实训讨论】

根据实训操作讨论以下几个问题，并将结论填写到下面的横线上。

1. 本实训涉及哪些重要的知识与技能？
2. 本实训操作的重点与难点有哪些？
3. 结合实训过程总结日常维护计算机安全还需要注意哪些问题？
4. 通过实训可以提升哪些能力和素质？

实训五　模拟计算机系统

【实训目的】

通过实训掌握模拟计算机系统的相关操作，具体要求及实训目的如下。

- 了解虚拟机的相关知识。
- 熟练掌握下载和安装VMware Workstation的操作。
- 熟练掌握创建和设置虚拟机的操作。
- 熟练掌握在虚拟机中安装Windows 10操作系统的操作。
- 熟练掌握在虚拟机中安装银河麒麟操作系统的操作。

【实训步骤】

（1）下载和安装VMware Workstation。在VMware Workstation官方网站下载最新版VMware Workstation，并将其安装到计算机中。

（2）创建和设置虚拟机。根据操作系统的安装要求，分别创建Windows 10操作系统和银河麒麟操作系统的虚拟机。

（3）在虚拟机中安装Windows 10操作系统。下载Windows 10操作系统的ISO文件，并利用该文件在创建的Windows 10虚拟机中安装Windows 10操作系统。

（4）在虚拟机中安装银河麒麟操作系统。下载银河麒麟操作系统的ISO文件，并利用该文件在创建的银河麒麟虚拟机中安装银河麒麟操作系统。

【实训参考效果】

本实训的操作较多，其参考步骤如图10-6所示。

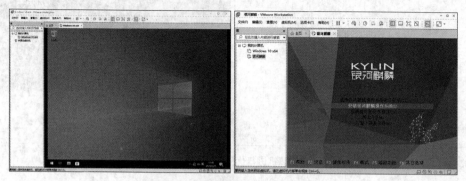

图10-6　模拟计算机系统的参考步骤

【实训讨论】

根据实训操作讨论以下几个问题，并将结论填写到下面的横线上。

1. 本实训涉及哪些重要的知识与技能？
2. 本实训操作的重点与难点有哪些？
3. 根据实训过程总结虚拟机的用途及使用注意事项有哪些？
4. 通过实训可以提升哪些能力和素质？

_____

_____

_____

_____

实训六　组建小型局域网

【实训目的】

通过实训掌握组建小型局域网的相关操作，具体要求及实训目的如下。

- 熟练掌握制作网线的操作。
- 熟练掌握连接计算机、路由器和光调制解调器的操作。
- 熟练掌握配置有线局域网的操作。
- 熟练掌握配置无线局域网的操作。

【实训步骤】

（1）制作局域网网线。用双绞线压线钳将双绞线按绿白、绿、橙白、蓝、蓝白、橙、棕白、棕的顺序排列压入水晶头中，制作好后测试其连接是否通畅。

（2）连接局域网中的各种硬件。使用网线将计算机、路由器和光调制解调器连接起来。

（3）配置有线局域网。在计算机中通过浏览器连接到路由器，设置好上网账号和密码后，通过路由器连接到Internet，再为计算机设置IP地址。

（4）配置无线局域网。开启路由器的无线功能，在笔记本电脑或手机等移动设备中搜索设置好的无线网络，并进行连接。

【实训参考效果】

本实训的操作较多，其参考步骤如图10-7所示。

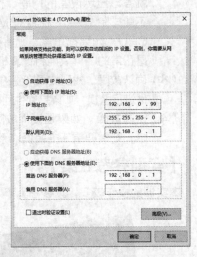

图10-7　组建小型局域网的参考步骤

【实训讨论】

根据实训操作讨论以下几个问题，并将结论填写到下面的横线上。

1. 本实训涉及哪些重要的知识与技能？
2. 本实训操作的重点与难点有哪些？
3. 结合实训过程总结一下实现办公局域网组装有哪几种方式？
4. 通过实训可以提升哪些能力和素质？

实训七　计算机的维护与故障排除

【实训目的】

通过实训掌握计算机维护与故障排除的相关操作，具体要求及实训目的如下。

- 了解计算机日常维护的重要性和相关知识。
- 熟练掌握计算机软件维护的操作。
- 熟练掌握计算机硬件维护的操作。
- 了解排除计算机故障的重要性和相关知识。
- 熟练掌握排除计算机常见故障的操作。

【实训步骤】

（1）维护计算机。将计算机外部设备拆卸，再将机箱打开，清理各硬件上的灰尘，然后重新安装各硬件，注意要保证接口连接正常，最后安装好计算机。

（2）找到故障产生的原因。首先加电启动，听是否有报警声，如果有就按照报警声提示进行排查，如果没有就直接考虑电源问题，此时可以使用替换法；若电源没问题，就考虑显示设备的问题，检查显卡连接和显卡，并确认显示设备是否正常；如果还不能排除故障，就考虑CMOS电池和主板的问题，并确认两者是否正常；最后检查CPU，如果都正常，则将硬盘取下，拿到其他计算机上进行启动测试，如果硬盘也是正常的，就只能将计算机送到专业的维修点修理。

（3）确认故障。找到故障产生的原因后，如果是硬件问题，就使用替换法，找一个正常的硬件进行替换；如果是软件问题，就将硬盘连接到另外一台计算机中以确认故障的根源。

（4）排除故障。如果是硬件故障，则最好将硬件送到专业的维修点修理；如果是软件故障，则需要重新安装操作系统。

【实训参考效果】

本实训的操作较多，其参考步骤如图10-8所示。

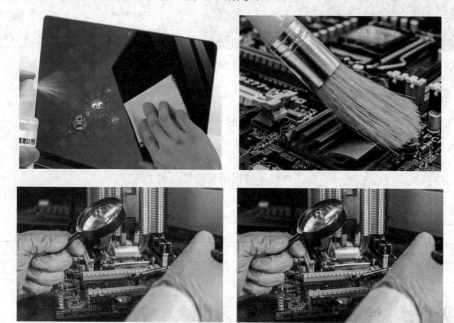

图10-8　计算机维护与故障排除的参考步骤

【实训讨论】

根据实训操作讨论以下几个问题，并将结论填写到下面的横线上。

1. 本实训涉及哪些重要的知识与技能？

2. 本实训操作的重点与难点有哪些？

3. 结合实训过程总结出计算机故障排除的基本流程是怎样的？不同故障的排除思路及方法有何不同？

4. 通过实训可以提升哪些能力和素质？